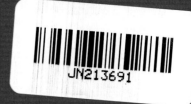

【原色】

九州の花・実図譜

Ⅵ

作画・解説

益村　聖

海鳥社

まえがき

やっと第Ⅵ巻の出版に漕ぎ着けることができた。この巻では種、亜種、変種、品種、雑種、合計して計372種類の図を載せることができた。第Ⅰ巻から合計すると、1307種類の図を完成させたことになる。初めは1000種類、全5巻で区切りをつける計画であったが、描き貯めた図がかなり残ったので、さらに描きくわえて6巻にまでずれ込むことになった。しかも、第Ⅰ巻では180種類だった図が、第Ⅵ巻では372種類となり、掲載頁数を揃えたために植物図の大きさが不揃いとなり、体裁の悪いものになってしまった。ゆくゆくは1冊の植物図鑑に纏めるつもりであったが、これは断念せざるを得ず、実に無念の想いである。

1999年にこの図譜の制作を企画して以来、学問の進歩には著しいものがあった。初期のものでは古い学名を載せ、多くのご批判を受けたが、訂正していないことをお詫びする。また、私の勉強不足から、数種類の同定間違いがあり、これは訂正させていただいた。その上、分類体系そのものがエングレル体系からAPG体系へと大転換をしたが、前5巻をエングレル体系に依っていたため、この巻もこれまでの体系にしたことをお断りする。全巻のまとめとして、総目次と和名総索引を載せ、全図の検索の便利をはかった。

これ等の図譜を最初から応援して頂き、多数の材料を提供をして頂いた多くの植物仲間には心から感謝している。

また、海鳥社にはこのような愛好者の少ない分野の本にも関わらず、出版を続けていただいた。特に第Ⅰ巻から第Ⅳ巻までの編集をしていただいた別府大悟氏、第Ⅴ巻、第Ⅵ巻を担当していただいた柏村美央氏、前社長西俊明氏、現社長杉本雅子氏には深甚の謝意を申し上げる。

2018年8月

益村　聖

九州の花・実図譜

Ⅵ

●目次●

まえがき……3
＊
スギ科
コウヤマキ……14
マキ科
イヌマキ／ナギ……14
カバノキ科
ヤマハンノキ／ヤシャブシ／ミズメ／オオバヤシャブシ……15
クルミ科
ノグルミ……16
ブナ科
ブナ／イヌブナ……16
オキナワウラジロガシ／クリ／クヌギ……17
クワ科
クワクサ……18
イラクサ科
オオサンショウソウ／サンショウソウ／ヤマミズ……18
コミヤマミズ／アオミズ／ツルマオ……19
タデ科
ヤナギタデ／ヒメスイバ／コギシギシ……20
ハルトラノオ／ナガバノヤノネグサ／シャクチリソバ……21
ナデシコ科
コモチナデシコ／マンテマ／シロバナマンテマ／ノハラツメクサ……22
アカザ科
オカヒジキ／ヒロハマツナ／ハママツナ／シチメンソウ……23
ヤマグルマ科
ヤマグルマ……24
ヒユ科
イノコヅチ／ヤナギイノコヅチ……24
カツラ科
カツラ……25
フサザクラ科
フサザクラ……25
クスノキ科
シロモジ……25
ホソバタブ／アブラチャン／イヌガシ／クスノキ……26
キンポウゲ科
ハイサバノオ／アメリカキツネノボタン／シマキツネノボタン／ヒメウズ……27

レイジンソウ／ツクシトリカブト／ツクシクサボタン……28
ヒメバイカモ／ツクシカラマツ／ヒレフリカラマツ／トリガタハンショウヅル……29
タカネハンショウヅル／ケハンショウヅル／ボタンヅル／ヤエヤマセンニンソウ……30

メギ科

メギ／オオバメギ／ヒロハヘビノボラズ……31

ツヅラフジ科

アオツヅラフジ……31

オトギリソウ科

ヤクシマコオトギリ／コケオトギリ／アゼオトギリ……32
ナガサキオトギリ／キンシバイ……33

モウセンゴケ科

コモウセンゴケ……32

フウチョウソウ科

ギョボク……33

ケシ科

ジロボウエンゴサク／ヒメエンゴサク……34

アブラナ科

ハルザキヤマガラシ／ジャニンジン／ナズナ……35
イヌカキネガラシ／シロイヌナズナ／スズシロソウ／カラクサガラシ……36
ミズタガラシ……37

ベンケイソウ科

リュウキュウベンケイ……37
ヒメレンゲ……38

ユキノシタ科

クサアジサイ……37
ウメバチソウ／シラヒゲソウ／タチネコノメソウ……38
マルバウツギ……39

バラ科

ヤマブキ／ズミ……39
シモツケソウ／シコクシモツケソウ……40
ユキヤナギ／コゴメウツギ／ヒメバライチゴ……41
シモツケ／ウラジロシモツケ……42

マメ科

ヤハズソウ／コメツブツメクサ……42
アレチヌスビトハギ／イソフジ／ハリエンジュ／フサアカシヤ……43
ナツフジ／ツクシムレスズメ／ギンゴウカン……44
マキエハギ／ホドイモ／ヤブツルアズキ／オオバクサフジ……45

フウロソウ科
ツクシフウロ／オランダフウロ……46
カワゴケソウ科
カワゴケソウ……46
アマ科
マツバニンジン……46
トウダイグサ科
ヤマヒハツ／エノキグサ／ノウルシ……47
ナガエコミカンソウ／シマニシキソウ／オオニシキソウ／アマミヒトツバハギ……48
ユズリハ科
ヒメユズリハ／ユズリハ……49
ミカン科
マツカゼソウ……49
タチバナ／コクサギ……50
ウルシ科
ヤマハゼ……50
ヒメハギ科
ヒメハギ……50
カエデ科
コミネカエデ／イロハモミジ／チドリノキ……51
ツリフネソウ科
ハガクレツリフネ／エンシュウツリフネ……52
アワブキ科
ミヤマハハソ……52
モチノキ科
ツクシイヌツゲ……52
タマミズキ……53
ニシキギ科
イワウメヅル／ツルウメモドキ／テリハツルウメモドキ……53
ミツバウツギ科
ショウベンノキ／ミツバウツギ……54
クロウメモドキ科
コバノクロウメモドキ……54
イソノキ／ネコノチチ／ケンポナシ……55
オオクマヤナギ／ヒメクマヤナギ／リュウキュウクロウメモドキ／クロイゲ……56
キビノクロウメモドキ……57
ブドウ科

エビヅル／キクバエビヅル／サンカクヅル……57
クマガワブドウ／ヤブガラシ／ミツバビンボウヅル／アカミノヤブガラシ……58
ツタ／ノブドウ／ウドカズラ……59

ジンチョウゲ科

キガンピ……60
コショウノキ……61

アオイ科

キンゴジカ／ウサギアオイ……60

アオギリ科

ノジアオイ……60

グミ科

ツルグミ／アキグミ……61

スミレ科

ナガバノスミレサイシン／サクラスミレ／リュウキュウシロスミレ／ヤクシマスミレ／シコクスミレ……62

ウリ科

カラスウリ／モミジカラスウリ／キカラスウリ……63
オオカラスウリ／ケカラスウリ／リュウキュウカラスウリ／アマチャヅル……64

ヤマトグサ科

ヤマトグサ……65

ミソハギ科

エゾミソハギ／ホザキキカシグサ／キカシグサ……65

ミズキ科

ヤマボウシ……66

ウリノキ科

モミジウリノキ……66

ヒルギ科

メヒルギ……66

アカバナ科

ミヤマタニタデ／タニタデ／ウシタキソウ／ミズタマソウ……67

ウコギ科

ヤツデ／キヅタ／オカウコギ……68

アカバナ科

ミズキンバイ……69

セリ科

ツボクサ／オオバチドメ／ハマボウフウ……69

ノダケ／ヒメノダケ／ウバタケニンジン……70

シラネセンキュウ／ヤマゼリ／ヒカゲミツバ／ハゴロモヒカゲミツバ／ツクシサイコ……71

ツツジ科

ツクシコバノミツバツツジ／ゲンカイツツジ／ハイヒカゲツツジ……72

ギーマ／ナツハゼ／ネジキ……73

ヤブコウジ科

シシアクチ／オオツルコウジ……74

サクラソウ科

ルリハコベ……74

ヌマトラノオ／クサレダマ……75

イソマツ科

イソマツ……75

カキノキ科

リュウキュウマメガキ／ヤマガキ……76

エゴノキ科

コハクウンボク……76

オオバアサガラ／アサガラ……77

ハイノキ科

クロミノサワフタギ……77

サワフタギ／タンナサワフタギ／クロバイ……78

モクセイ科

サイコクイボタ／シオジ／シマモクセイ……79

マチン科

ホウライカズラ／アイナエ／ヒメナエ……80

リンドウ科

アケボノソウ／シノノメソウ／ムラサキセンブリ……81

センブリ／ハルリンドウ／フデリンドウ／コケリンドウ……82

ガガイモ科

イケマ／コカモメヅル／アオカモメヅル……83

クサタチバナ……84

ミツガシワ科

ガガブタ……83

アカネ科

クルマムグラ／タニワタリノキ／ツルアリドオシ……84

ナガバジュズネノキ／ジュズネノキ／オオアリドオシ／アリドオシ……85

ヒルガオ科

アメリカアサガオ／マルバアメリカアサガオ／モミジヒルガオ／オキナアサガオ……86

ムラサキ科
サワルリソウ／オオルリソウ …… 87
シソ科
ミゾコウジュ／ミズネコノオ／ミズトラノオ …… 88
シラゲヒメジソ／コシロネ／エゾシロネ …… 89
ナス科
ヤマホロシ／マルバノホロシ／ヒヨドリジョウゴ …… 90
ゴマノハグサ科
ヒキヨモギ／シオガマギク／コシオガマ／ツクシシオガマ …… 91
シコクママコナ／ツクシコゴメグサ／トキワハゼ／サギゴケ …… 92
キツネノマゴ科
オキナワスズムシソウ …… 93
マツムシソウ科
ナベナ／マツムシソウ …… 93
タヌキモ科
ミミカキグサ／イヌタヌキモ …… 94
イワタバコ科
タマザキヤマビワソウ …… 94
オオバコ科
ヘラオオバコ／ツボミオオバコ／オオバコ／エゾオオバコ …… 95
スイカズラ科
サンゴジュ／ミヤマウグイスカグラ／ツクバネウツギ …… 96
ベニバナニシキウツギ／ニワトコ／オオベニウツギ …… 97
キキョウ科
ツクシイワシャジン／サワギキョウ／タンゲブ …… 98
キク科
ニガナ／イワニガナ／オオヂシバリ …… 99
チョウセンヤマニガナ／オオキンケイギク／ホソバオグルマ／アメリカハマグルマ …… 100
ソナレノギク／キクタニギク／イワギク／チョウセンノギク …… 101
タムラソウ／キリシマヒゴタイ／モリアザミ／キセルアザミ …… 102
ガンクビソウ／サジガンクビソウ／ヒメガンクビソウ …… 103
ヤブタバコ／コヤブタバコ／センダングサ／コシロノセンダングサ …… 104
ヤマヒヨドリバナ／オオヒヨドリバナ／シマフジバカマ …… 105
ホソバハグマ／キッコウハグマ／マルバテイショウソウ …… 106
オケラ／ヤハズハハコ／ウラジロチチコグサ …… 107
フクド／シマコウヤボウキ／ナガバノコウヤボウキ／コウヤボウキ …… 108
ミズヒマワリ／モミジコウモリ／モミジガサ …… 109
メナモミ／コメナモミ／ツクシメナモミ …… 110

ユリ科
トウギボウシ／カンザシギボウシ／コバギボウシ……111
キバナチゴユリ／アマナ／ホソバナコバイモ／マルバサンキライ……112
ハマカンゾウ／ヤブカンゾウ／ユウスゲ／ヒメユリ……113
ホトトギス／ヤマホトトギス／ヤマジノホトトギス／チャボホトトギス……114
ハラン／ノヒメユリ／ヤマユリ……115
ヤマノイモ科
ヤマノイモ／カエデドコロ／オニドコロ……116
キクバドコロ／ヒメドコロ／ニガカシュウ……117
アヤメ科
キショウブ／ニワゼキショウ……118
ビャクブ科
ヒメナベワリ……118
ツユクサ科
ミドリハカタカラクサ／ヤブミョウガ……119
ショウガ科
ハナミョウガ……119
サトイモ科
カラスビシャク／オオハンゲ／クワズイモ……120
ガマ科
ガマ／コガマ／ヒメガマ……121
ミクリ科
オオミクリ……121
ラン科
アキザキヤツシロラン／クロヤツシロラン／ハチジョウシュスラン……122
クマガイソウ／ツレサギソウ／ハシナガヤマサギソウ……123
*
あとがき……124
和名索引……125
学名索引……128
総目次……132
和名総索引……142
正誤表……153

九州の花・実図譜

Ⅵ

コウヤマキ　（スギ科）

Sciadopitys verticillata (Thunb.)
Siebold et Zucc.
南部に稀に産する常緑高木。花は３月。球果は翌秋に熟。

ナギ　（マキ科）

Nageia nagi (Thunb.) Kuntze
暖地生の常緑高木。よく庭木として植えられる。花期は５月。秋熟。

イヌマキ　（マキ科）

Podocarpus macrophyllus (Thunb.) Sweet
沿海地に多く見る常緑高木。中国原産と言われる。庭木、生垣としてよく植えられる。花期は５月。秋熟。花托は甘味があり可食。

5cm

ヤマハンノキ　（カバノキ科）

Alnus hirsuta (Spach) Turcz. ex Rupr.
var. sibirica (Spach) C.K.Schneid.
山地渓流沿いに産する落葉高木。多くは植栽。
花期は３月。

ヤシャブシ
（カバノキ科）

Alnus firma Siebold et Zucc.
山地生の落葉小高木。花は３月。
球果はタンニンが多く五倍子と同様に利用。

ミズメ　ヨグソミネバリ
（カバノキ科）

Betula grossa Siebold et Zucc.
山地に生える日本固有の落葉高木。花期は４月。枝を折るとサリチル酸メチルの香りがする。

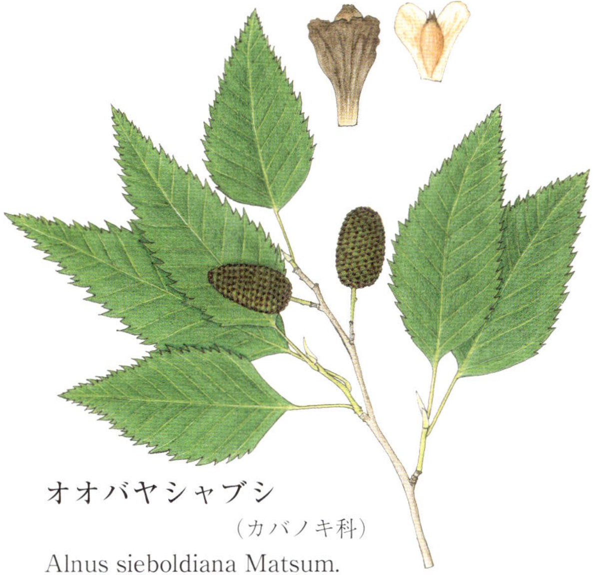

オオバヤシャブシ
（カバノキ科）

Alnus sieboldiana Matsum.
多くは山地斜面に植栽される落葉小高木。花期は３月。

5cm

ブナ　（ブナ科）

Fagus crenata Blume
温帯林を代表する落葉高木。花期は５月。
果実は野生動物の貴重な食料。

イヌブナ　（ブナ科）

Fagus japonica Maxim.
温帯に産する落葉高木。ブナよりやや稀である。図は花期のもので、成葉は上図ブナのように大きくなる。

ノグルミ　（クルミ科）

Platycarya strobilacea Siebold et Zucc.
日当たりのよい林縁に生える落葉高木。
球果は黄色染料となる。

5cm

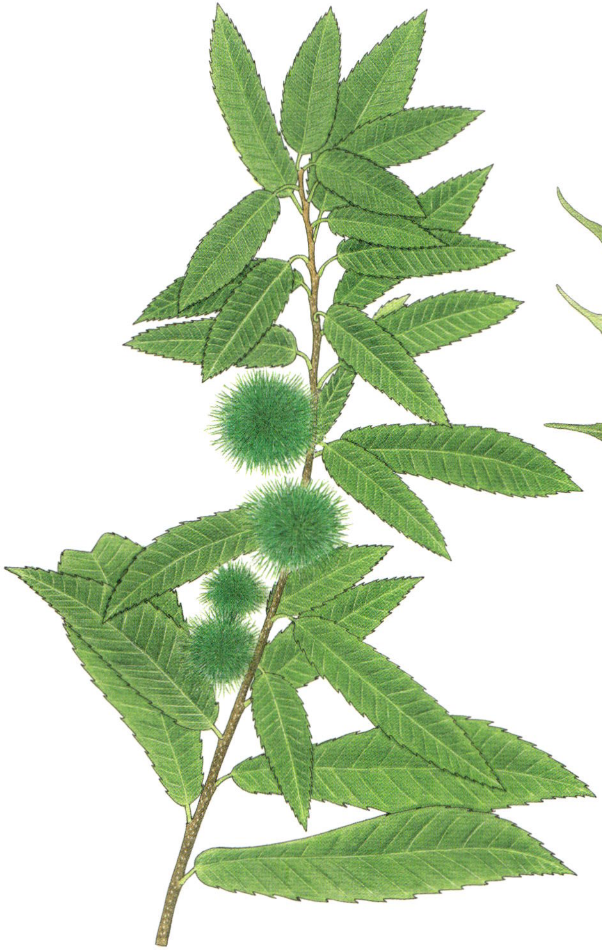

5cm

クリ　（ブナ科）

Castanea crenata Siebold et Zucc.
暖帯から温帯にかけて広く分布する落葉高木。
幹は薪炭材。果実は優秀な食料。

オキナワウラジロガシ　（ブナ科）

Quercus miyagii Koidz.
南西島嶼の山地に見る日本固有の常緑高木。
花期は３月。果実は翌秋に熟。

クヌギ　（ブナ科）

Quercus acutissima Carruth.
山地、丘陵地に普通にみる落葉高木。幹は薪炭材、シイタケの原木として広く利用。

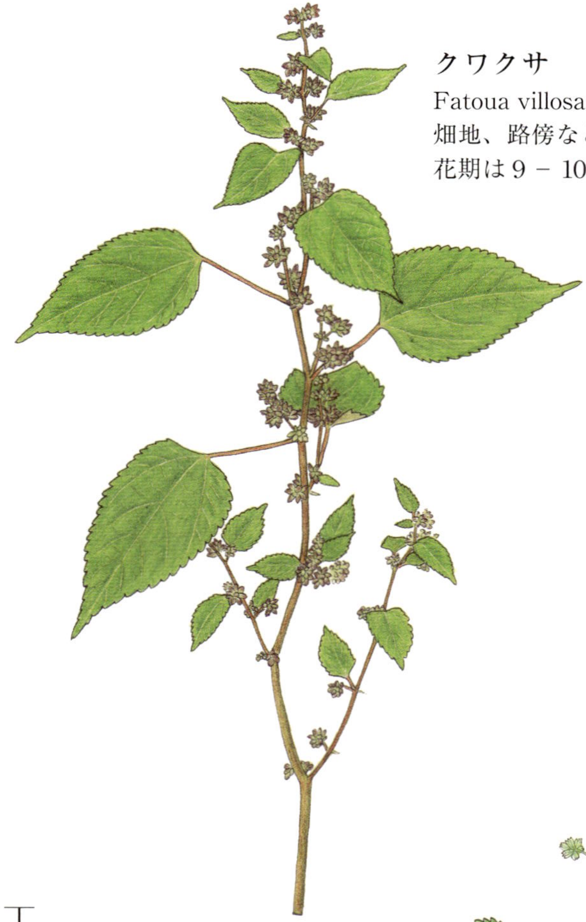

クワクサ （クワ科）

Fatoua villosa (Thunb.) Nakai
畑地、路傍などに普通に見る１年草。
花期は９－10月。

オオサンショウソウ （イラクサ科）

Pellionia radicans (Siebold et Zucc.) Wedd.
低山地林下に生える雌雄異株の多年草。花期は３－６月。

5cm

ヤマミズ （イラクサ科）

Pilea japonica (Maxim.) Hand. - Mazz.
山地に生える１年草。花期は９－10月。

サンショウソウ （イラクサ科）

Pellionia minima Makino
低山地林下に生える雌雄異株の多年草。
花期は３－６月。

5cm

コミヤマミズ（イラクサ科）
Pilea notata C.H.Wright
山地のやや湿地に生える多年草。花期は7－10月。

アオミズ（イラクサ科）
Pilea pumila (L.) A.Gray
山地のやや湿地に生える1年草。
花期は7－10月。

ツルマオ（イラクサ科）
Pouzolzia hirta Blume ex Hassk.
南部島嶼の路傍、草地などに生える多年草。
花期は9－10月。

5cm

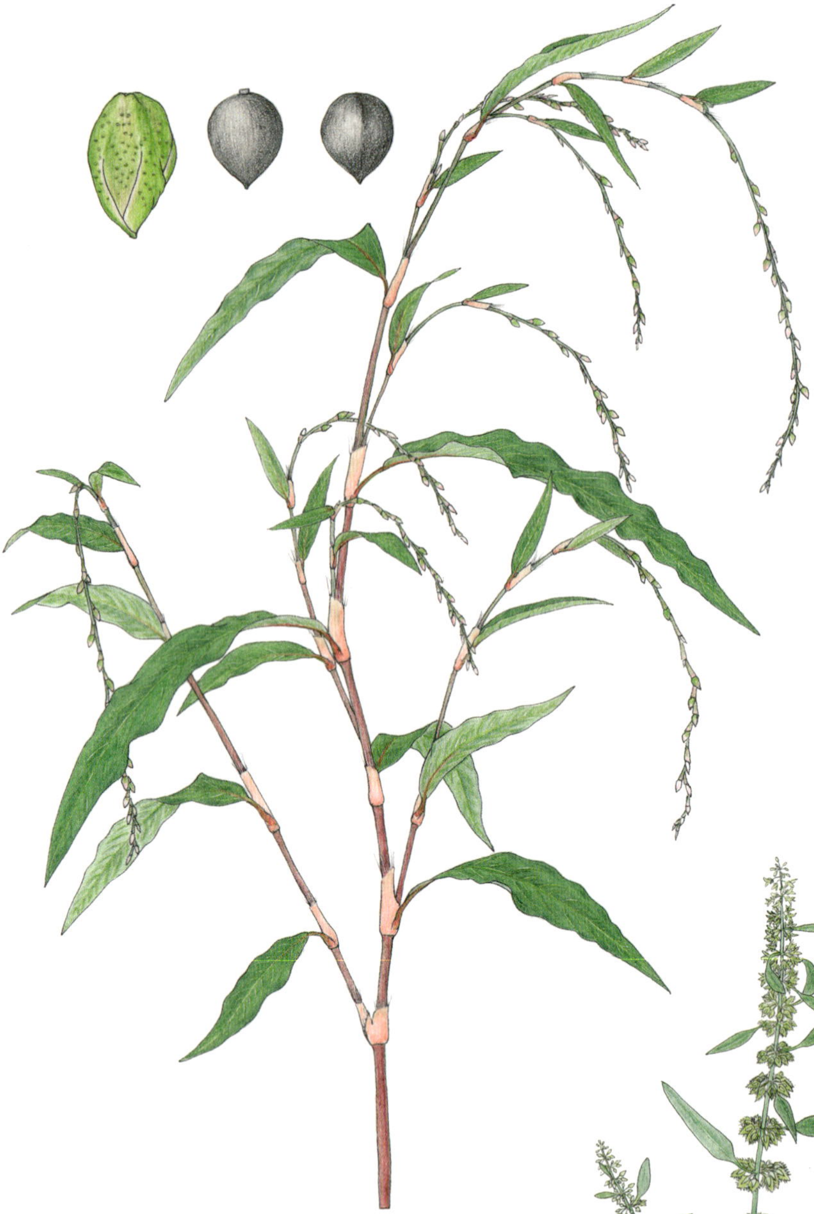

ヤナギタデ　マタデ　（タデ科）

Persicaria hydropiper (L.) Delarbre

水湿地に生える1年草。花期は7－10月。葉に辛味があり食用とする。

ヒメスイバ　（タデ科）

Rumex acetosella L.

路傍草地に見る帰化植物。1－多年草。雌雄異株。花期は5－8月。

コギシギシ　（タデ科）

Rumex dentatus L. subsp. klotzschianus (Meisn.) Rech.f.

畔、路傍などに生える多年草。花期は5－8月。

シャクチリソバ

（タデ科）

Fagopyrum dibotrys (D.Don) H.Hara

林縁半陰地などに生える多年草。各地で栽培され、しばしば野生化する。花期は７－10月。

ナガバノヤノネグサ

（タデ科）

Persicaria breviochreata (Makino) Ohki

山地林床に生える１年草。花期は８－10月。

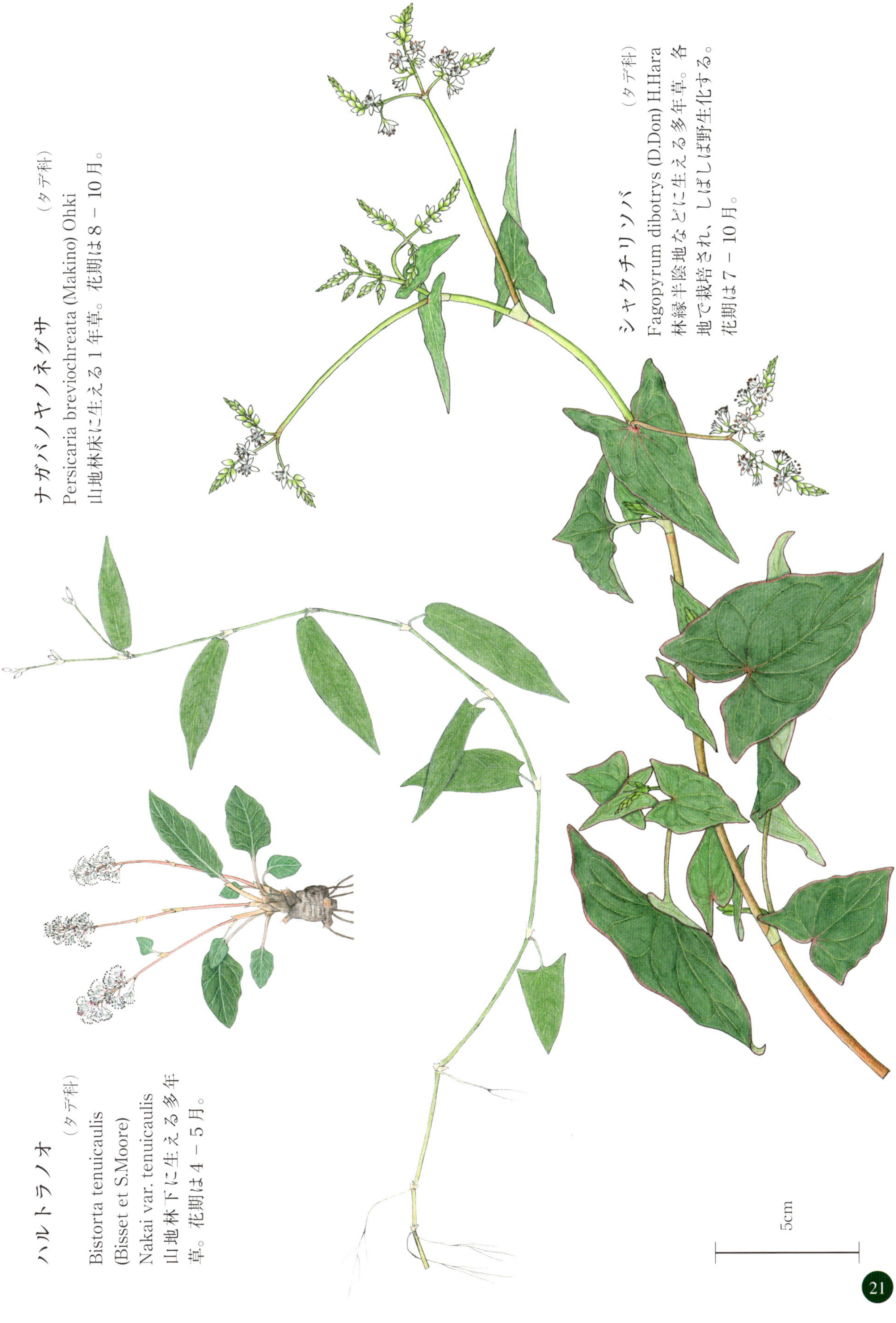

ハルトラノオ

（タデ科）

Bistorta tenuicaulis (Bisset et S.Moore) Nakai var. tenuicaulis

山地林下に生える多年草。花期は４－５月。

マンテマ　（ナデシコ科）

Silene gallica L, var. quinquevulnera (L.) W.D.J.Koch
沿海地に帰化する越年草。花期は5－6月。

シロバナマンテマ　（ナデシコ科）

Silene gallica L．var. gallica
花が白色以外はマンテマに同じ。

コモチナデシコ　（ナデシコ科）

Petrorhagia prolifera (L.) P.W.Ball et Heywood
草地、荒地などに帰化する越年草。
花期は5－6月。

5cm

ノハラツメクサ　（ナデシコ科）

Spergula arvensis L. var. arvensis
路傍、草地などに生える1年草。
花期は6－9月。

オカヒジキ　（アカザ科）

Salsora komarovii Iljin

海岸の砂礫地に生える１年草。花期は７－10月。

ヒロハマツナ　（アカザ科）

Suaeda malacosperma H.Hara

海岸に生える１年草。花期は10－11月。

ハママツナ　（アカザ科）

Suaeda maritima (L.) Dumort. var. maritima

海岸砂地に生える１年草。花期は９－10月。

シチメンソウ　（アカザ科）

Suaeda japonica Makino

北部の海岸砂地に生える１年草。花期は９－10月。

イノコヅチ　（ヒユ科）
Achyranthes bidentata Blume var. japonica Miq.
陰地、半日陰に生える多年草。花期は８－９月。

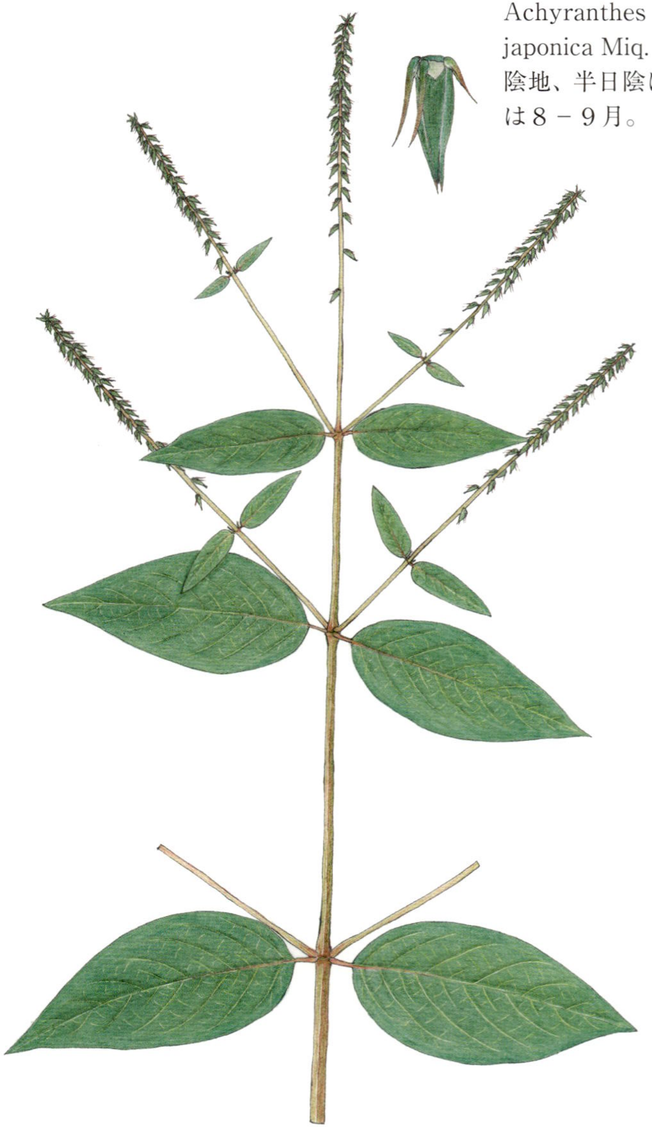

ヤナギイノコヅチ　（ヒユ科）
Achyranthes longifolia (Makino) Makino
日陰、半陰地に生える多年草。花期は８－９月。

ヤマグルマ　（ヤマグルマ科）
Trochodendron aralioides Siebold et Zucc.
山地の岩礫斜面に多く見る常緑高木。鳥餅を作る。

5cm

カツラ　（カツラ科）
Cercidiphyllum japonicum Siebord et Zucc. ex Hoffm. et Schult.
高い山の谷沿いに生える落葉高木。花期は3－5月。

5cm

フサザクラ　（フサザクラ科）
Euptelea polyandra Siebold et Zucc.
山地の谷筋に多く見る落葉高木。花期は3－5月。

シロモジ　（クスノキ科）
Lindera triloba (Siebold et Zucc.) Blume
山地に生育する落葉低木。花期は4月。

ホソバタブ アオガシ

（クスノキ科）

Machilus japonica Siebold et Zucc. ex Blume var. japonica

常緑高木。

イヌガシ （クスノキ科）

Neolitsea aciculata (Blume) Koidz.

低山地に生える雌雄異株の常緑高木。花期は３－５月。

クスノキ （クスノキ科）

Cinnamomum camphora (L.) J.Presl

暖地に普通な常緑高木。

花期は５－６月。秋熟。

アブラチャン （クスノキ科）

Lindera praecox (Siebold et Zucc.) Blume var. praecox

叢生する落葉低木。花期は３－４月。

ハイサバノオ　（キンポウゲ科）

Dichocarpum dicarpon (Miq.) W.T.Wang et P.K.Hsiao var. decumbens Tamura et K.Kosuge
林下陰地に生える多年草。

アメリカキツネノボタン

（キンポウゲ科）

Ranunculus septentrinalis Poir. var. pterocarpus Benson
山地草原生の帰化１年草。

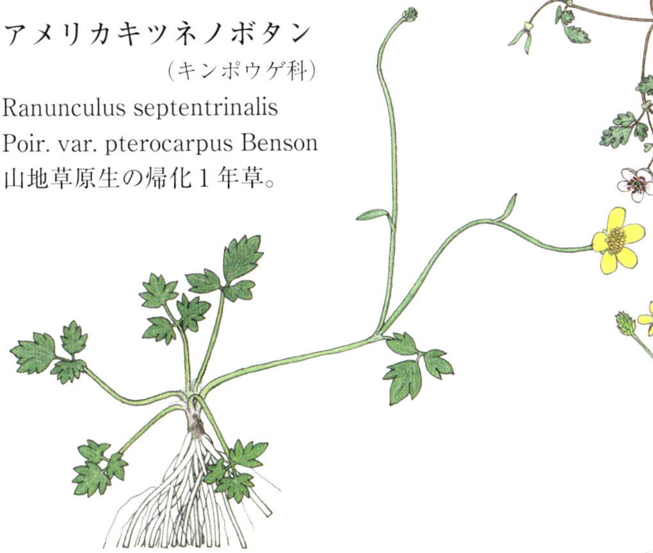

シマキツネノボタン

（キンポウゲ科）

Ranunculus sieboldii Miq.
湿った林縁に生える多年草。花期は３－６月。

ヒメウズ　（キンポウゲ科）

Semiaquilegia adoxoides (DC.) Makino
山麓、路傍に普通な多年草。花期は３－５月。

5cm

レイジンソウ

（キンポウゲ科）

Aconitum loczyanum Rapaics

林縁、草原などに生える多年草。花期は９－10月。

ツクシクサボタン

（キンポウゲ科）

Clematis stans Siebold et Zucc. var. austrojaponensis (Ohwi) Ohwi

疎林内、林縁などに生える多年草。花期は８－10月。

ツクシトリカブト

（キンポウゲ科）

Aconitum × callianthum Koidz.

草原、疎林内に生える多年草。花期は９－10月。

ヒメバイカモ　（キンポウゲ科）
Ranunculus kazusensis Makino
浅くてきれいな流水域に生える多年草。花期は6－8月。

トリガタハンショウヅル
（キンポウゲ科）
Clematis tosaensis Makino
林縁の低木に絡むつる性草本。花期は4－5月。

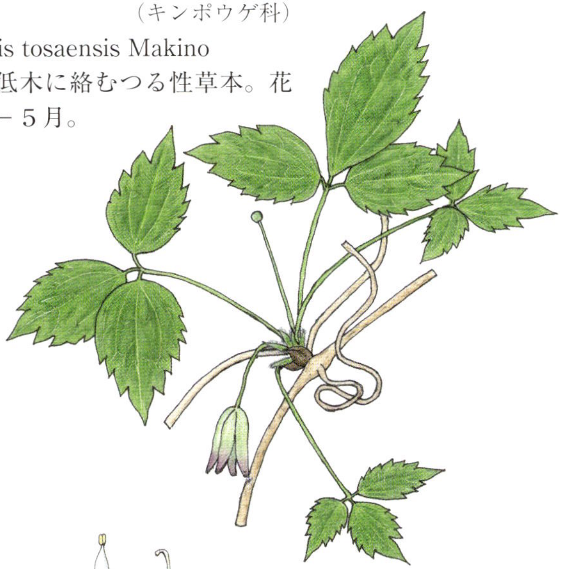

ヒレフリカラマツ
（キンポウゲ科）
Thalictrum toyamae Ohwi et Hatus.
北部の山地草原に生える多年草。花期は4月。

ツクシカラマツ　（キンポウゲ科）
Thalictrum kiusianum Nakai
野生地が不明の栽培植物。花期は6月。

5cm

ヤエヤマセンニンソウ
（キンポウゲ科）
Clematis tashiroi Maxim.
南部島嶼の林縁の低木にからまるつる性草本。花期は6－7月。

タカネハンショウヅル
（キンポウゲ科）
Clematis lasiandra Maxim.
山地。つる性の低木。

ケハンショウヅル　（キンポウゲ科）
Clematis japonica Thunb. var. villosula (Ohwi) Tamura ex Yonek.
つる性の低木。

ボタンヅル　（キンポウゲ科）
Clematis apiifolia DC. var. apiifolia
林縁、低木林に生える半低木。

メギ　（メギ科）

Berberis thunbergii DC.
山地疎林内、林縁に生える落葉低木。花期は4－5月。

オオバメギ　（メギ科）

Berberis tschonoskyana Regel
高い山の林内に生える落葉低木。花期は5－6月。秋熟。

ヒロハヘビノボラズ　（メギ科）

Berberis amurensis Rupr.
高い山の疎林内、林縁に生える落葉低木。花期は5－6月。秋熟。

アオツヅラフジ　（ツヅラフジ科）

Cocculus trilobus (Thunb.) DC.
林縁に生えるつる性木本。花期は7－8月。秋熟。

5cm

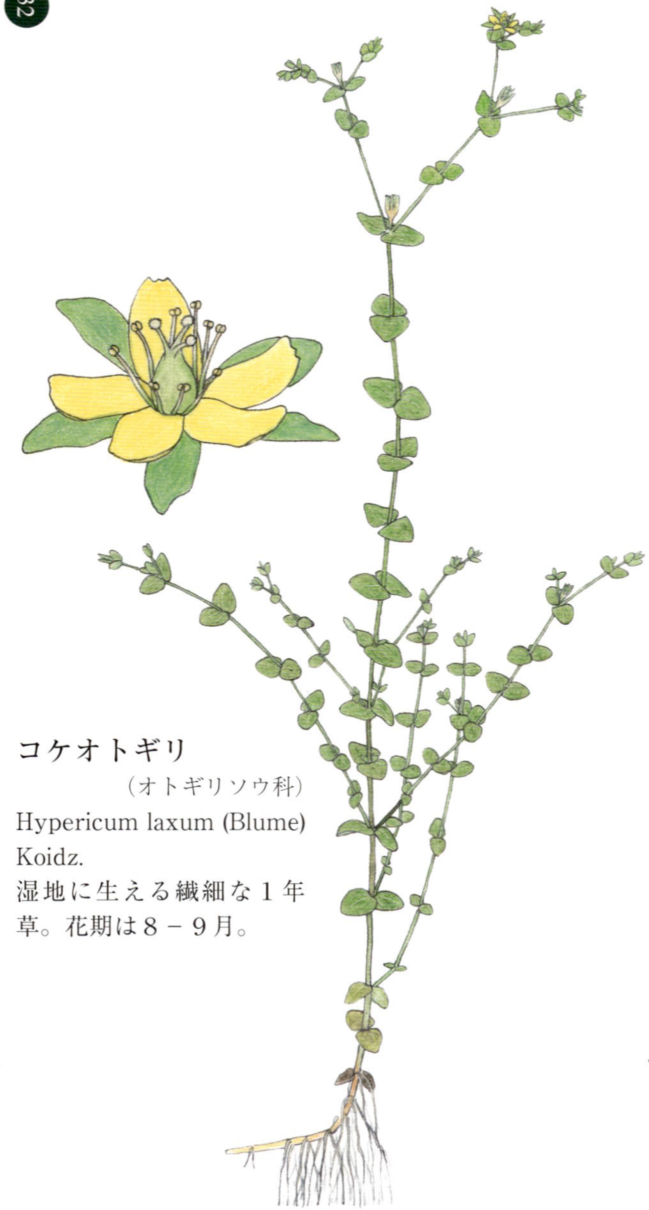

コケオトギリ

（オトギリソウ科）

Hypericum laxum (Blume) Koidz.

湿地に生える繊細な１年草。花期は８－９月。

ヤクシマコオトギリ

（オトギリソウ科）

Hypericum kiusianum Koidz. var. yakusimense (Koidz.) T.Kato

屋久島の湿地に叢生する多年草。花期は５－６月。

コモウセンゴケ

（モウセンゴケ科）

Drosera spathulata Labill.

日当たりのよい酸性湿地に生える多年草。花期は６－９月。

5cm

アゼオトギリ

（オトギリソウ科）

Hypericum oliganthum Franch. et Sav. [EN]

湿地に生え、叢生して茎は這う多年草。花期は６－７月。

ナガサキオトギリ　（オトギリソウ科）

Hypericum kiusianum Koidz.
var. kiusianum

山地林縁、草地に生える多年草。花期は５－６月。

ギョボク　（フウチョウソウ科）

Crateva formosensis (Jacobs) B.S.Sun

南部山地に生える落葉小高木。花期は６月。

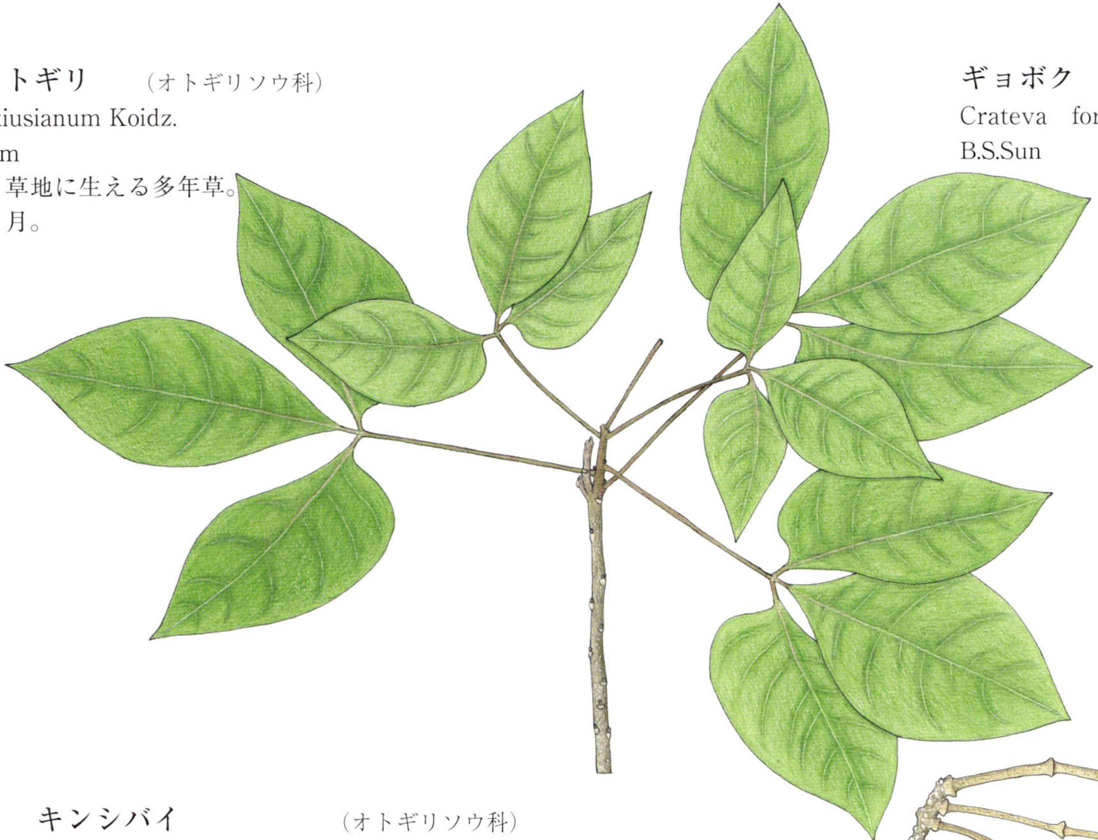

キンシバイ　（オトギリソウ科）

Hypericum patulum Thunb.

栽培し、しばしば逸出する低木。花期は夏。

5cm

ジロボウエンゴサク

（ケシ科）

Corydalis　decumbens (Thunb.) Pers.

低地、山地の疎林内などに生える多年草。花茎の最下葉は鱗片に退化しない。

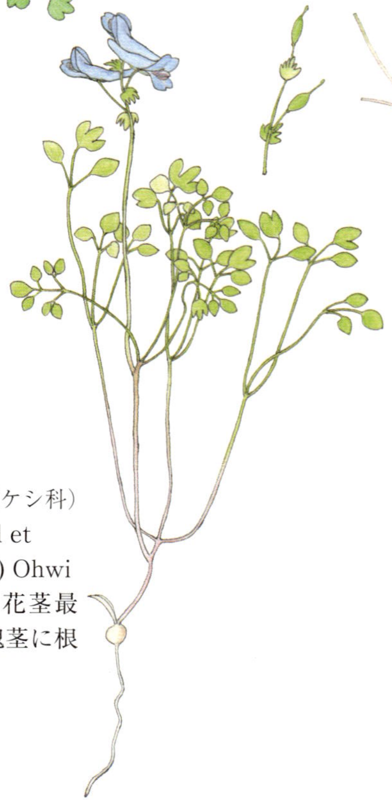

ヒメエンゴサク

（ケシ科）

Corydalis lineariloba Siebold et Zucc. var. capillaris (Makino) Ohwi

山地林内に生える多年草。花茎最下の１葉は鱗片状となり、塊茎に根出葉はつかない。

ハルザキヤマガラシ　（アブラナ科）

Barbarea vulgaris R.Br.

山地林縁。草地に生える帰化植物。越年、短命の多年草。花期は５－６月。

ジャニンジン　（アブラナ科）

Cardamine impatiens L. var. impatiens

疎林内、林縁に生える１年—越年草。花期は３－６月。

ナズナ　（アブラナ科）

Capsella bursa-pastoris (L.) Medik. var. triangularis Grunner

路傍、荒地に生える越年草。花期は３－６月。

5cm

イヌカキネガラシ

（アブラナ科）

Sisymbrium orientale L.

荒地、路傍などに帰化する１年草。花期は４－６月。

シロイヌナズナ

（アブラナ科）

Arabidopsis thaliana (L.) Heynh.

沿海地、草地に生える越年草。花期は４－６月。

スズシロソウ

（アブラナ科）

Arabis flagellosa Miq. var. flagellosa

山地疎林内、林縁などに生える多年草。花期は４－６月。

カラクサガラシ

（アブラナ科）

Lepidium didymum L.

荒地、路傍などに帰化する越年草。花期は５－７月。

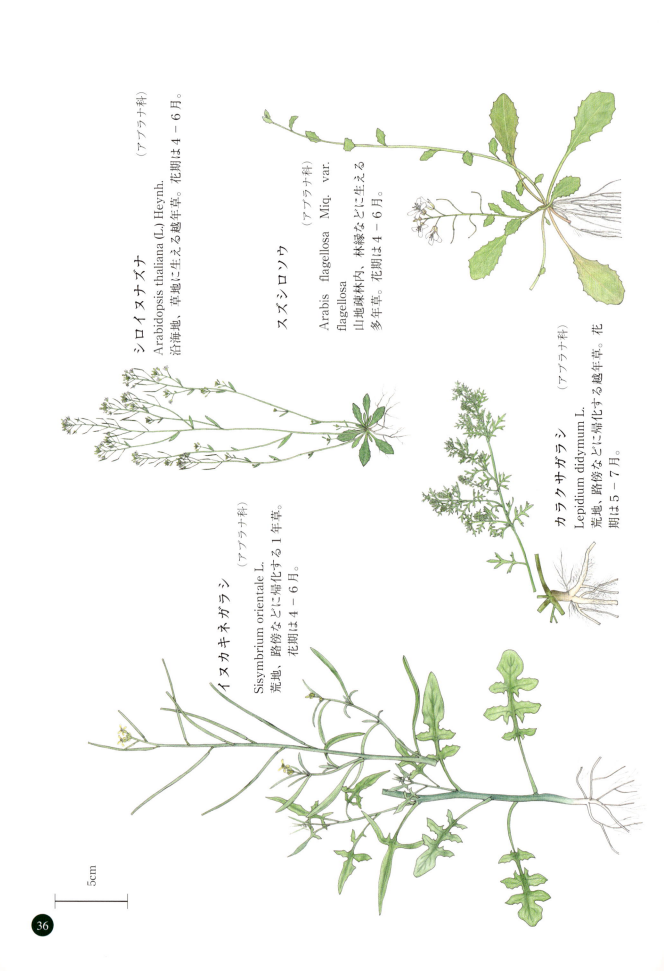

リュウキュウベンケイ
（ベンケイソウ科）

Kalanchoe spathulata DC
南部島嶼の岩礫地に生える多年草。
花期は１－５月。

ミズタガラシ
（アブラナ科）

Cardamine lyrata Bunge
水田、水湿地に生える多年草。花期は４－６月。

クサアジサイ
（ユキノシタ科）

Cardiandra alternifolia Siebold et Zucc. var. alternifolia
やや湿った林下に生える多年草。花期は７－10月。

5cm

ウメバチソウ　（ユキノシタ科）

Parnassia palustris L. var. palustris
山地の陽向湿地に生える多年草。花期は8－10月。

シラヒゲソウ

（ユキノシタ科）

Parnassia foliosa Hook.f. et Thomson var. foliosa
山地の陽向湿地に生える多年草。花期は8－9月。

タチネコノメソウ

（ユキノシタ科）

Chrysosplenium tosaense (Makino) Makino ex Sutô
林内、林縁の水湿地に生える多年草。花期は4－5月。

ヒメレンゲ

（ベンケイソウ科）

Sedum subtile Miq.
山地谷沿いの岩場に生える多年草。花期は5－6月。

5cm

マルバウツギ　（ユキノシタ科）

Deutzia scabra Thunb. var. *scabra*
陽向山地の斜面に生える落葉低木。
花期は５月。

ウツギの仲間のおしべ

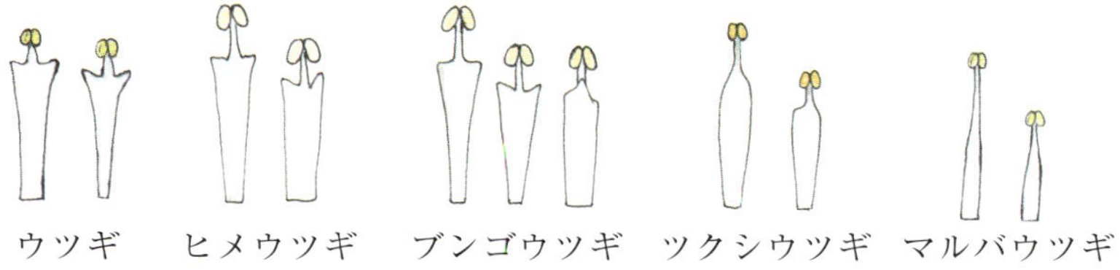

ヤマブキ　（バラ科）

Kerria japonica (L.) DC.
低山地、丘陵地に生える落葉低木。花期は４－５月。

ズミ　（バラ科）

Malus toringo (Siebold) Siebold ex de Vriese var. *toringo*
山地疎林内、林縁に生える落葉性の小高木―低木。花期は５－６月。

シモツケソウ　　　　　　　　（バラ科）

Filipendula mulutijuga
Maxim. var. mulutijuga

山地草原に生える多年草。花期は７－８月。

シコクシモツケソウ　　　　（バラ科）

Filipendula tsuguwoi Ohwi

石灰岩の山地に生える多年草。花期は７月。

5cm

コゴメウツギ　（バラ科）

Neillia incisa (Thunb.) S.H.Oh var. incisa

低山地の林縁などに生える落葉低木。花期は５－６月。

ユキヤナギ　（バラ科）

Spiraea thunbergii Siebold ex Blume

山地の河岸岩礫上に生える落葉低木。花期は４－５月。

ヒメバライチゴ　（バラ科）

Rubus minusculus H. Lév. et Vaniot

山地林内、林縁に生える落葉低木。花期は４－５月。

シモツケ　（バラ科）

Spiraea japonica L.f. var. japonica f. japonica
山地の疎林内、林縁に生え、
庭木としても植えられる落葉低木。
花期は５－７月。

ヤハズソウ　（マメ科）

Kummerowia striata (Thunb.) Schindl.
原野、路傍などに普通に見る多年草。花期は８－９月。

ウラジロシモツケ　（バラ科）

Spiraea japonica L.f. var. japonica f. hypoglauca (Koidz.) Kitam.
鹿児島県産。他は上に同じ。

コメツブツメクサ　（マメ科）

Trifolium dubium Sibth.
原野、路傍に普通に帰化している１年—越年草。花期は４－７月。

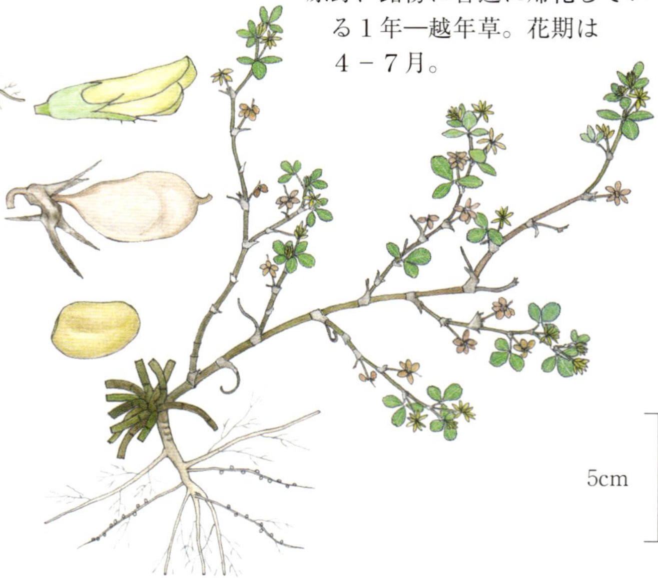

5cm

アレチヌスビトハギ

（マメ科）

Desmodium paniculatum (L.) DC.

荒地、雑草地に帰化する1年草。花は9月。

イソフジ　（マメ科）

Sophora tomentosa L.

南部島嶼の海岸に生える常緑小高木、低木。花期は8 – 12月。

ハリエンジュ　（マメ科）

Robinia pseudoacacia L.

北米原産の落葉高木。各地に野生化。花期は5 – 6月。

フサアカシア　（マメ科）

Acacia dealbata Link

豪州原産の常緑高木。各地の山野に植栽。花期は3月。

5cm

ギンゴウカン　（マメ科）
Leucaena leucocephala (Lam.) de Wit
南部島嶼の各地に植栽される普通常緑性の高－低木。花期は６－７月。

ツクシムレスズ　（マメ科）
Sophora franchetiana Dunn
南部石灰岩地に稀に産する常緑低木。花期は５月。

ナツフジ　（マメ科）
Wisteria japonica Siebold et Zucc.
低山地の林内、林縁に普通なつる性の落葉低木。花期は７－８月。

ホドイモ　（マメ科）

Apios fortunei Maxim.
陽向林縁などに見られるつる性の多年草。紡錘形—球形の塊根を持つ。花期は７－９月。

マキエハギ　（マメ科）

Lespedeza virgata (Thunb.) DC.
日当たりのよい丘陵地などに生える半低木。花期は８－９月。

ヤブツルアズキ　（マメ科）

Vigna angularis (Willd.) Ohwi et H.Ohashi var. nipponensis (Ohwi) Ohwi et H.Ohashi
河岸、草地に生える１年草。花は８－10月。

オオバクサフジ　（マメ科）

Vicia pseudo-orobus Fisch. et C.A.Mey.
山野の草地に生えるつる性の多年草。花期は８－10月。

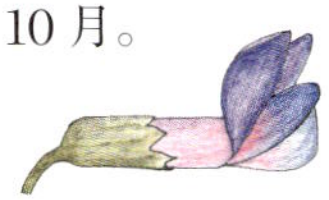

5cm

ツクシフウロ　（フウロソウ科）

Geranium soboliferum
Kom. var. kiusianum
(Koidz.) H.Hara
山地草原。多年草。花８月。

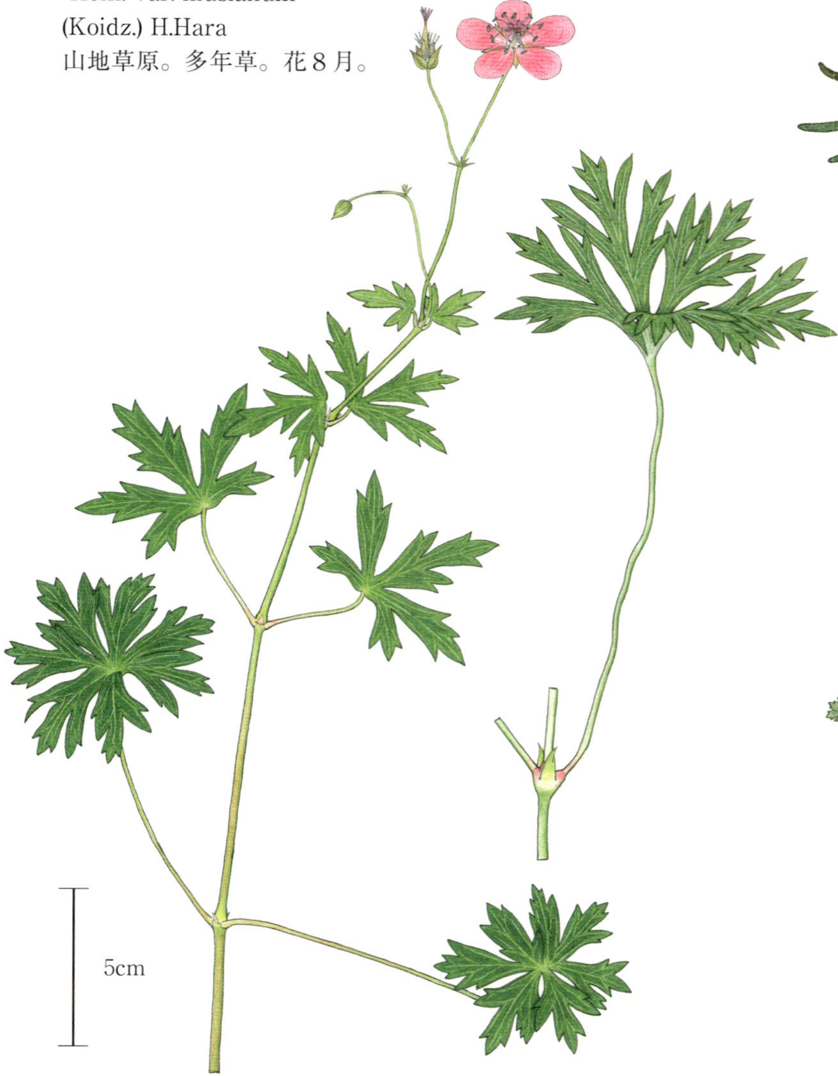

カワゴケソウ　（カワゴケソウ科）

Cladopus doianus (Koidz.) Koriba
清流底の岩上に生える多年草。
花期は 10 － 11 月。（拡大：５倍）

マツバニンジン　（アマ科）

Linum stelleroides Planch.
陽向草原生の１年草。
花期は８ － ９月。

オランダフウロ　（フウロソウ科）

Erodium cicutarium (L.)
L' Hér. var. cicutarium
路傍、畑地に帰化する１年－越年草。花期は４ － ８月。

ヤマヒハツ　（トウダイグサ科）

Antidesma japonicum Siebold et Zucc.

山野の疎林内、林縁に生える常緑の小低木。花期は６月。秋熟。

エノキグサ　（トウダイグサ科）

Acalypha australis L.

畔、畑地、路傍などに普通な１年草。花期は８－10月。

ノウルシ　（トウダイグサ科）

Euphorbia adenochlora C.Morren et Decne.

湿性草地に生える多年草。花期は４－５月。

5cm

オオニシキソウ　（トウダイグサ科）

Euphorbia nutans Lag.
路傍、畑地に生える帰化植物の１年草。
花期は６－11月。

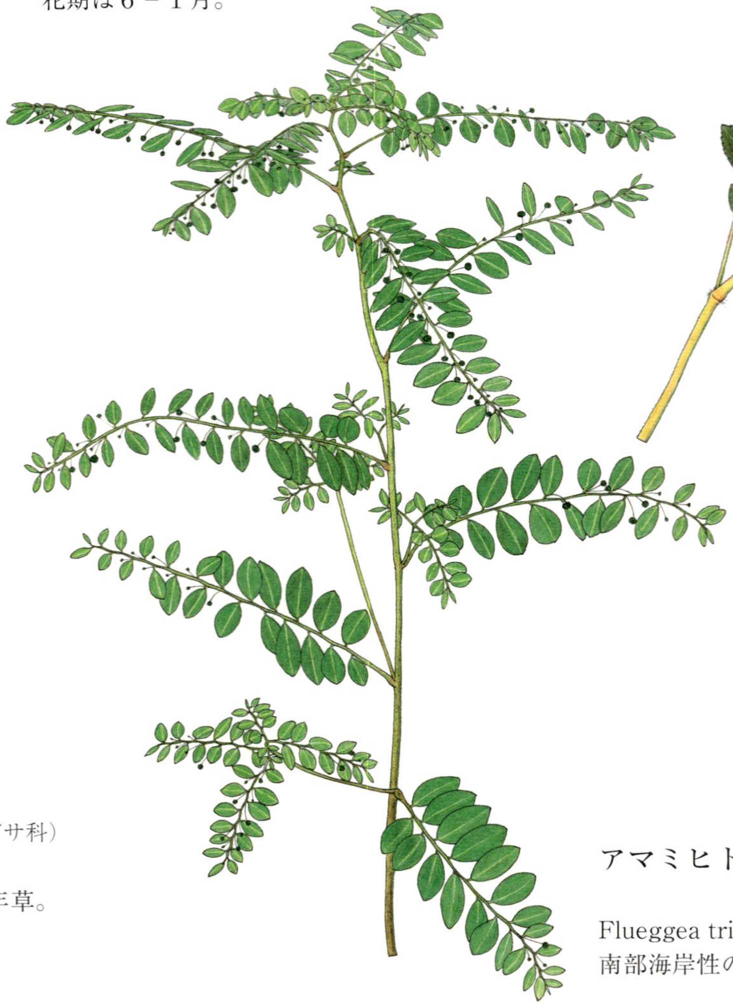

ナガエコミカンソウ　（トウダイグサ科）

Phyllanthus tenellus Roxb.
路傍、荒地などに生える１年草の帰化植物。
花期は６－１月。

シマニシキソウ　（トウダイグサ科）

Euphorbia hirta L. var. hirta.
南部の路傍、畑地に生える１年草。
花期は８－10月。

アマミヒトツバハギ　（トウダイグサ科）

Flueggea trigonoclada (Ohwi) T.Kuros.
南部海岸性の落葉低木。花期は６－８月。

ヒメユズリハ　（ユズリハ科）

Daphniphyllum teijsmannii Zoll. ex Kurz var. teijsmannii

下部山地林内に生える常緑高木。花期は５－６月。

ユズリハ　（ユズリハ科）

Daphniphyllum macropodum Miq. subsp. macropodum

常緑高木。花期は４－５月。

5cm

マツカゼソウ　（ミカン科）

Boenninghausenia albiflora (Hook.) Rchb. ex Meisn. var. japonica (Nakai ex Makino et Nemoto) Suzuki

山地生多年草。花期は８－10月。

ヤマハゼ　（ウルシ科）

Toxicodendron sylvestre (Siebold et Zucc.) Kuntze
山地疎林内に生える落葉小高木。花期は５－６月。秋熟。

ヒメハギ　（ヒメハギ科）

Polygala japonica Houtt.
陽向草地、林縁に生える多年草。花期は４－７月。

コクサギ　（ミカン科）

Orixa japonica Thunb.
疎林内に生える落葉低木。花期は４－５月。

タチバナ　（ミカン科）

Citrus tachibana (Makino) Tanaka
常緑林内に生える常緑小高木。花期は６月。

コミネカエデ　（カエデ科）

Acer micranthum Siebold et Zucc.

高い山地に生える落葉高木。花期は6－7月。

イロハモミジ　（カエデ科）

Acer palmatum Thunb.

低山地林内、林縁に生える落葉小高木。花期は4月。

チドリノキ　（カエデ科）

Acer carpinifolium Siebold et Zucc.

高い山の谷沿いに生える落葉小高木。花期は5月。

5cm

ハガクレツリフネ

（ツリフネソウ科）

Impatiens hypophylla Makino var. hypophylla

山地林下、林縁に生える1年草。

エンシュウツリフネ

（ツリフネソウ科）

Impatiens hypophylla Makino var. microhypophylla (Nakai) H.Hara

山地林下、林縁に生える1年草。花期は7－8月。九州産は別物と云われる。

ツクシイヌツゲ

（モチノキ科）

Ilex crenata Thunb. var. fukasawana Makino

南部の日当たりのよい林縁、草地に生える常緑小高木。花期は6－7月。

ミヤマハハソ

（アワブキ科）

Meliosma tenuis Maxim.

山地疎林内に生える落葉小高木。花期は5－7月。秋熟。

5cm

5cm

テリハツルウメモドキ　（ニシキギ科）

Celastrus punctatus Thunb.

暖地、沿海地の林縁などに生える半常緑の藤本。花期は4月。秋熟。

ツルウメモドキ　（ニシキギ科）

Celastrus orbiculatus Thunb. var. orbiculatus

林縁、河岸などに生える落葉藤本。花期は5－6月。秋熟。

タマミズキ　（モチノキ科）

Ilex micrococca Maxim.

常緑林内、林縁に生える落葉高木。花期は6月。秋熟。

イワウメヅル　（ニシキギ科）

Celastrus flagellaris Rupr.

落葉藤本。花期は5－6月。

ショウベンノキ

（ミツバウツギ科）

Turpinia ternata Nakai

南部島嶼の林内に生える常緑小高木。花期は５－６月。

コバノクロウメモドキ

（クロウメモドキ科）

Rhamnus japonica Maxim.
var. microphylla H.Hara

山地林内、林縁に生える落葉小高木。花期は４－５月。

ミツバウツギ

（ミツバウツギ科）

Staphylea bumalda DC.

山地林縁疎林内に生える小高木。花期は５－６月。

イソノキ　（クロウメモドキ科）

Frangula crenata (Siebold et Zucc.) Miq.
山地疎林内に生える落葉低木。花期は6－7月。夏熟。

ネコノチチ　（クロウメモドキ科）

Rhamnella franguloides (Maxim.) Weberb.
河岸、渓流沿いに生える落葉低木。花期は5－6月。

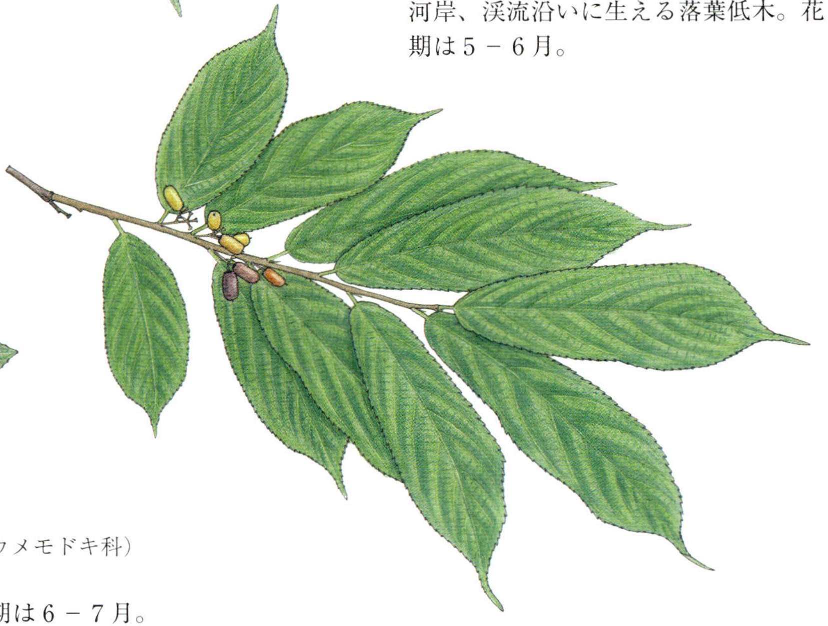

ケンポナシ　（クロウメモドキ科）

Hovenia dulcis Thunb.
山地林内に生える落葉高木。花期は6－7月。花序の枝は肥厚して甘くなり可食。

5cm

ヒメクマヤナギ

（クロウメモドキ科）

Berchemia lineata (L.) DC.

南部島嶼の海岸に生える半落葉低木。花期は7－10月。

クロイゲ

（クロウメモドキ科）

Sageretia thea (Osbeck) M.C.Johnst. var. thea

西部、南部島嶼の沿海地に生える半常緑の低木。花期は10月。

リュウキュウクロウメモドキ

（クロウメモドキ科）

Rhamnus liukiuensis (E.H.Wilson) Koidz.

南部島嶼に生える落葉小高木。花期は2－3月。

オオクマヤナギ

（クロウメモドキ科）

Berchemia magna (Makino) Koidz.

山地林縁に生える落葉藤木。花期は7－8月。

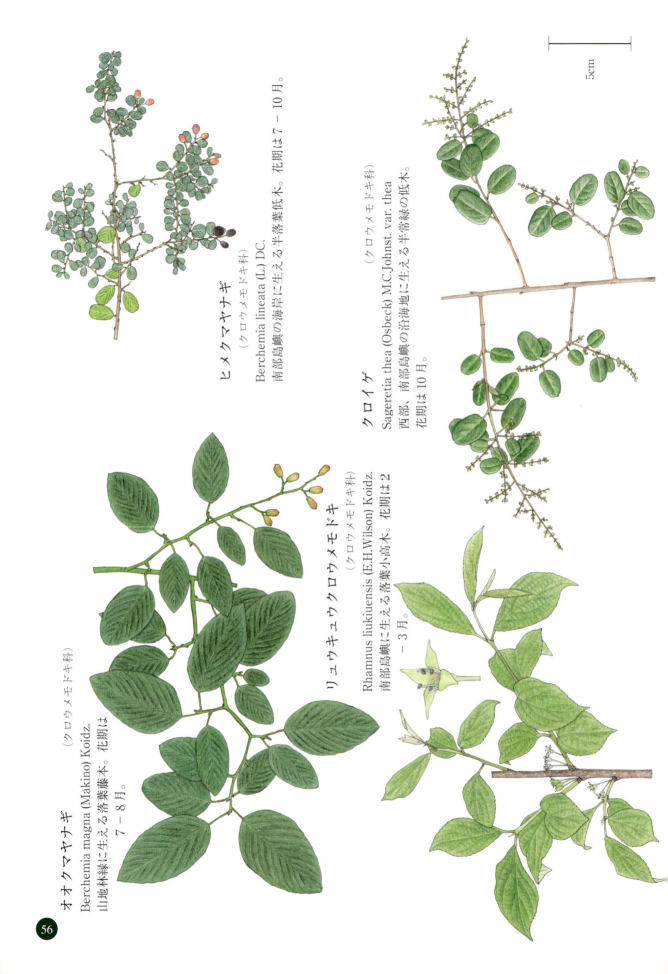

キビノクロウメモドキ

（クロウメモドキ科）

Rhamnus yoshinoi Makino

山地疎林内に生える落葉性の低―小高木。

花期は５月。

5cm

エビヅル

（ブドウ科）

Vitis ficifolia Bunge var. ficifolia

低山地に普通に見る落葉藤本。花は６－８月。

葉が深裂するものをキクバエビヅル [f.sinuata (Regel) Murata] という。

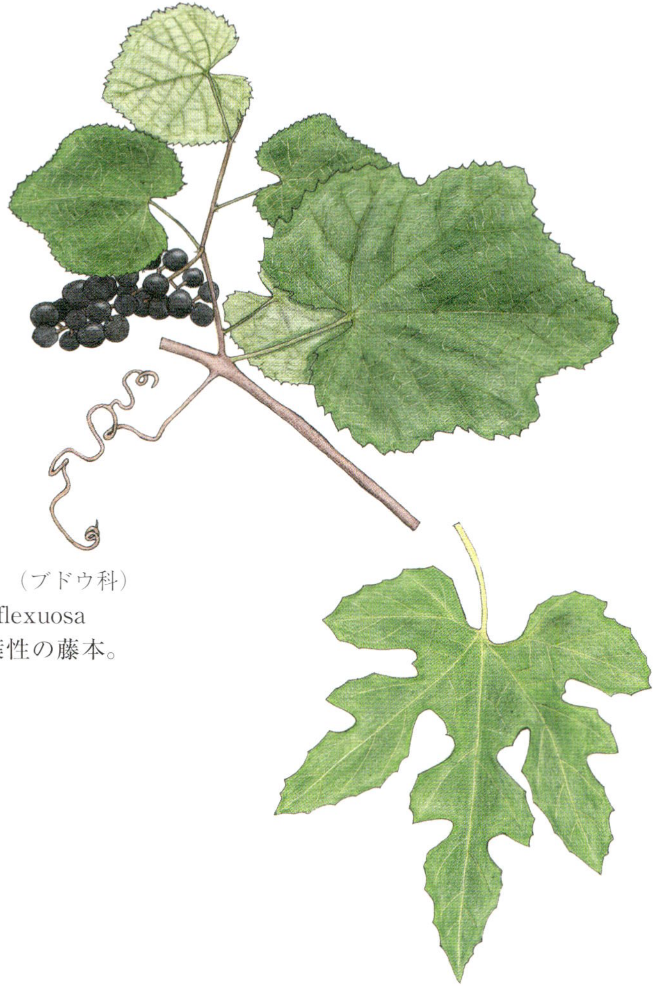

サンカクヅル

（ブドウ科）

Vitis flexuosa Thunb. var. flexuosa

山地林縁などに生える落葉性の藤本。

花期は５－６月.

クマガワブドウ

（ブドウ科）

Vitis romanetii Rom. Caill.

南部の林縁、河岸などに生える大型の落葉藤本。花期は７月。

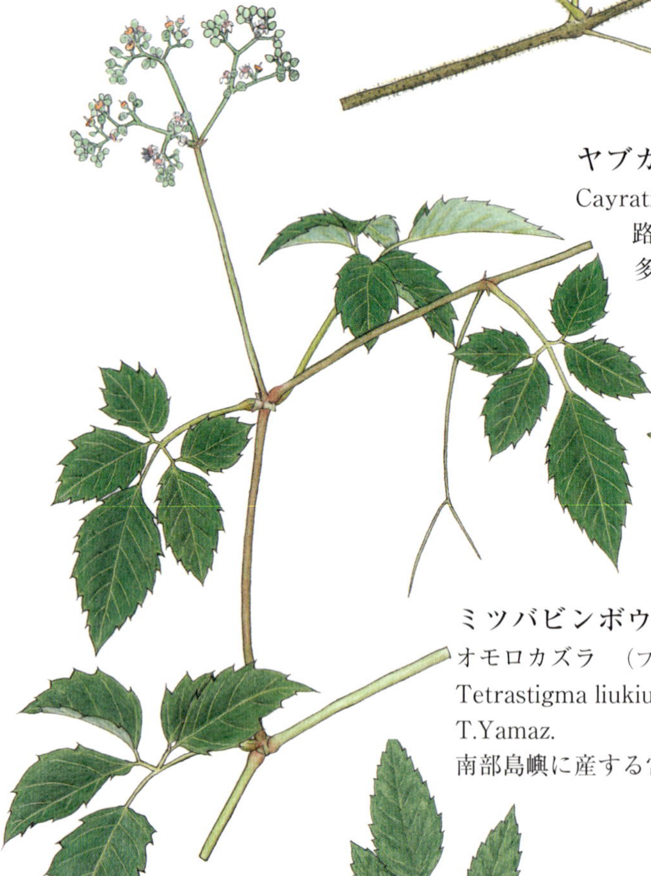

ヤブガラシ

（ブドウ科）

Cayratia japonica (Thunb.) Gagnep.

路傍、藪周辺に普通に見るつる性の多年草。花期は６－８月。

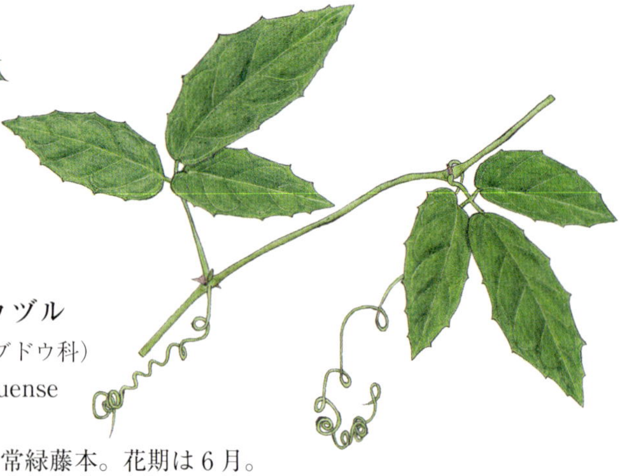

ミツバビンボウヅル

オモロカズラ　（ブドウ科）

Tetrastigma liukiuense T.Yamaz.

南部島嶼に産する常緑藤本。花期は６月。

アカミノヤブガラシ

（ブドウ科）

Cayratia yoshimurae (Makino) Honda

南部から島嶼に産するつる性の多年草。

5cm

ツタ　（ブドウ科）

Parthenocissus tricuspidata (Siebold et Zucc.) Planch.
山野に普通にみる落葉藤本。
花期は６－７月。（縮尺：33％）

ノブドウ　（ブドウ科）

Ampelopsis glandulosa (Wall.) Momiy. var. heterophylla (Thunb.) Momiy.
山野に普通の半木性藤本。花期は７－８月。

ウドカズラ　（ブドウ科）

Ampelopsis cantoniensis (Hook. et Arn.) Planch. var. leeoides (Maxim.) F.Y.Lu
山地林縁に生える落葉藤本。花期は６－７月。

キガンピ　（ジンチョウゲ科）

Diplomorpha trichotoma (Thunb.) Nakai

低山地に生える落葉低木。花期は７－９月。

キンゴジカ　（アオイ科）

Sida rhombifolia L. subsp. rhombifolia

路傍、草地に生える多年草。花期は８－９月。

5cm

ウサギアオイ　（アオイ科）

Malva palviflora L.

路傍、空き地などに帰化する１年草。花期は６－９月。

ノジアオイ　（アオギリ科）

Melochia corchorifolia L.

主に沿海地に多い１年草。花期は８－10月。

ツルグミ

（グミ科）

Elaeagnus glabra Thunb. var. glabra

枝がよく伸長する常緑低木。

花期は 10 － 11 月。

果実は翌春紅熟。

アキグミ　（グミ科）

Elaeagnus umbellata Thunb. var. umbellata

陽向山地に生える落葉低木。

花期は４－５月。秋熟。

5cm

コショウノキ　（ジンチョウゲ科）

Daphne kiusiana Miq.

山地疎林内、林縁などに生える常緑小低木。

花期は１－４月。

リュウキュウシロスミレ

（スミレ科）

Viola betonicifolia Sm. var. oblongosagittata (Nakai) F.Maek. et T.Hashim.

南部島嶼の山地に生える多年草。花期は４－５月。

5cm

ナガバノスミレサイシン

スミレ科）

Viola bissetii Maxim. var. bissetii

山地林下に生える多年草。花期は４－５月。

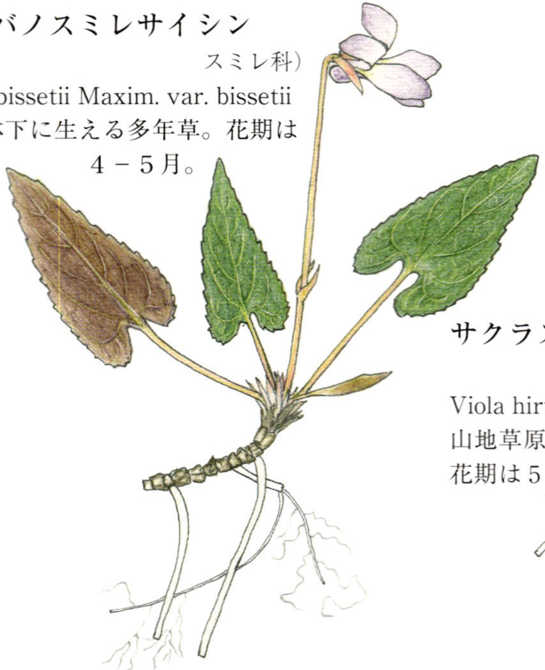

サクラスミレ

（スミレ科）

Viola hirtipes S.Moore

山地草原に生える多年草。花期は５月。

ヤクシマスミレ

（スミレ科）

Viola iwagawae Makino

南部島嶼に産し、渓流沿いの岩上に生える多年草。花期は５－７月。

シコクスミレ

（スミレ科）

Viola shikokiana Makino

ブナ帯の林下に生える多年草。花期は４－５月。

カラスウリ

（ウリ科）

Trichosanthes cucumeroides (Ser.) Maxim. ex Franch. et Sav.

林縁、河岸などに普通なつる性多年草。花期は８－９月。秋熟。

モミジカラスウリ

（ウリ科）

Trichosanthes multiloba Miq.

山地林縁に生えるつる性多年草。花期は６－８月。果実は秋に黄熟。

キカラスウリ

（ウリ科）

Trichosanthes kirilowii Maxim. var. japonica (Miq.) Kitam.

林縁、河岸などに普通なつる性多年草。花期は７－９月。秋熟。

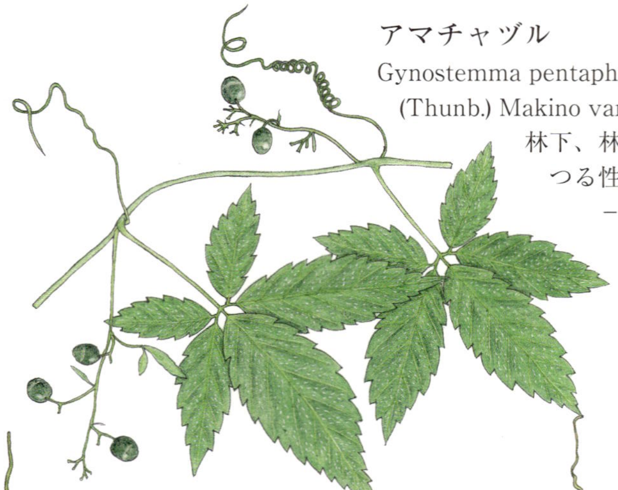

アマチャヅル

（ウリ科）

Gynostemma pentaphyllum (Thunb.) Makino var. pentaphyllum

林下、林縁などに生えるつる性草本。花期は8－9月。

♂

♀

オオカラスウリ

（ウリ科）

Trichosanthes laceribracteata Hayata

南部島嶼に生えるつる性多年草。花期は4－5月。

5cm

リュウキュウカラスウリ

（ウリ科）

Trichosanthes miyagii Hayata

南部島嶼の林縁などに産するつる性多年草。花期は1－2月。

ケカラスウリ

（ウリ科）

Trichosanthes ovigera Blume var. ovigera

南部、島嶼に生えるつる性の多年草。花期は8－9月。

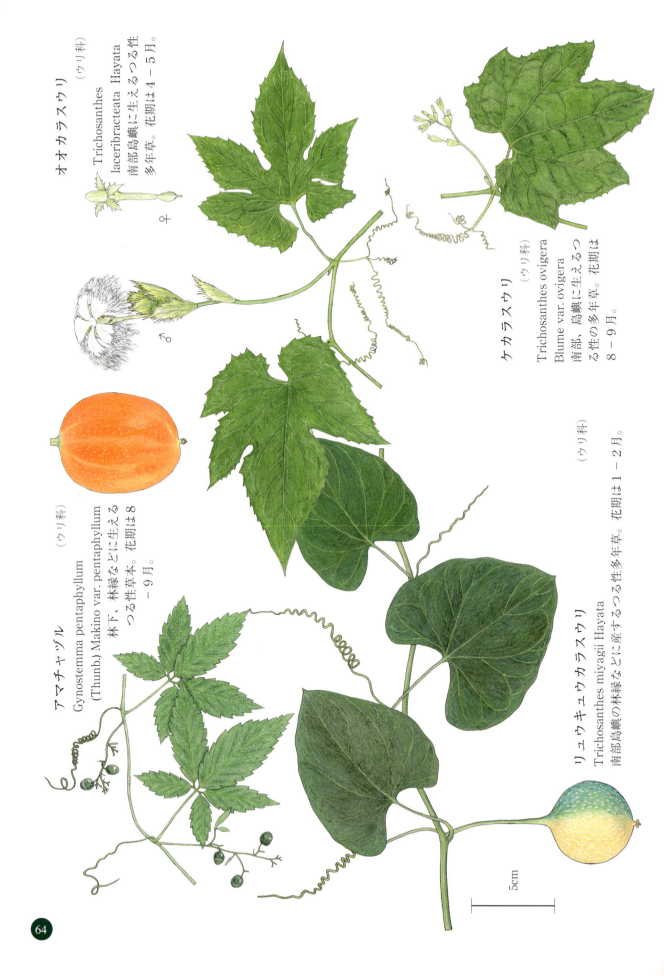

ヤマトグサ　（ヤマトグサ科）

Theligonum japonicum Okubo et Makino

山地林床に生える多年草。花期は４－５月。

エゾミソハギ　（ミソハギ科）

Lythrum salicaria L.

湿原、溝辺に群生する多年草。花期は７－８月。

ホザキキカシグサ　（ミソハギ科）

Rotala rotundifolia (Buch. -Ham. ex Roxb.) Koehne

水田、湿地等に生える多年草。花期は５月。

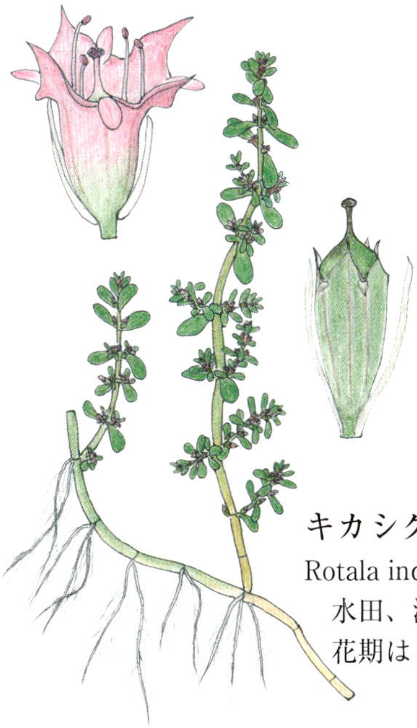

キカシグサ　（ミソハギ科）

Rotala indica (Willd.) Koehne

水田、湿地に生える１年草。花期は８－10月。

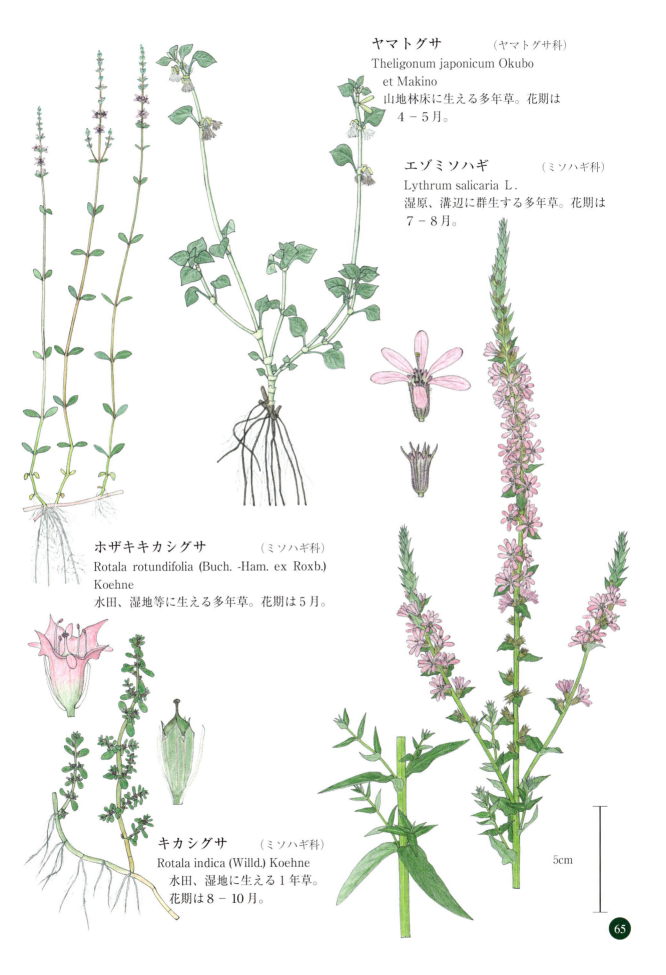

ヤマボウシ　（ミズキ科）

Cornus kousa Buerger ex Hance subsp. kousa
山地林内に生える落葉高木。花期は5－7月。果実は紅熟し、甘くて可食。

モミジウリノキ　（ウリノキ科）

Alangium platanifolium (Siebld. et Zucc.) Harms var. platanifolium
山地林内に生える落葉低木。花期は6月。

メヒルギ　（ヒルギ科）

Kandelia obovata Sheue. H.Y.Liu et W.H.Yong
河口周辺の汽水域に生える常緑小高木。花期は6－7月。

5cm

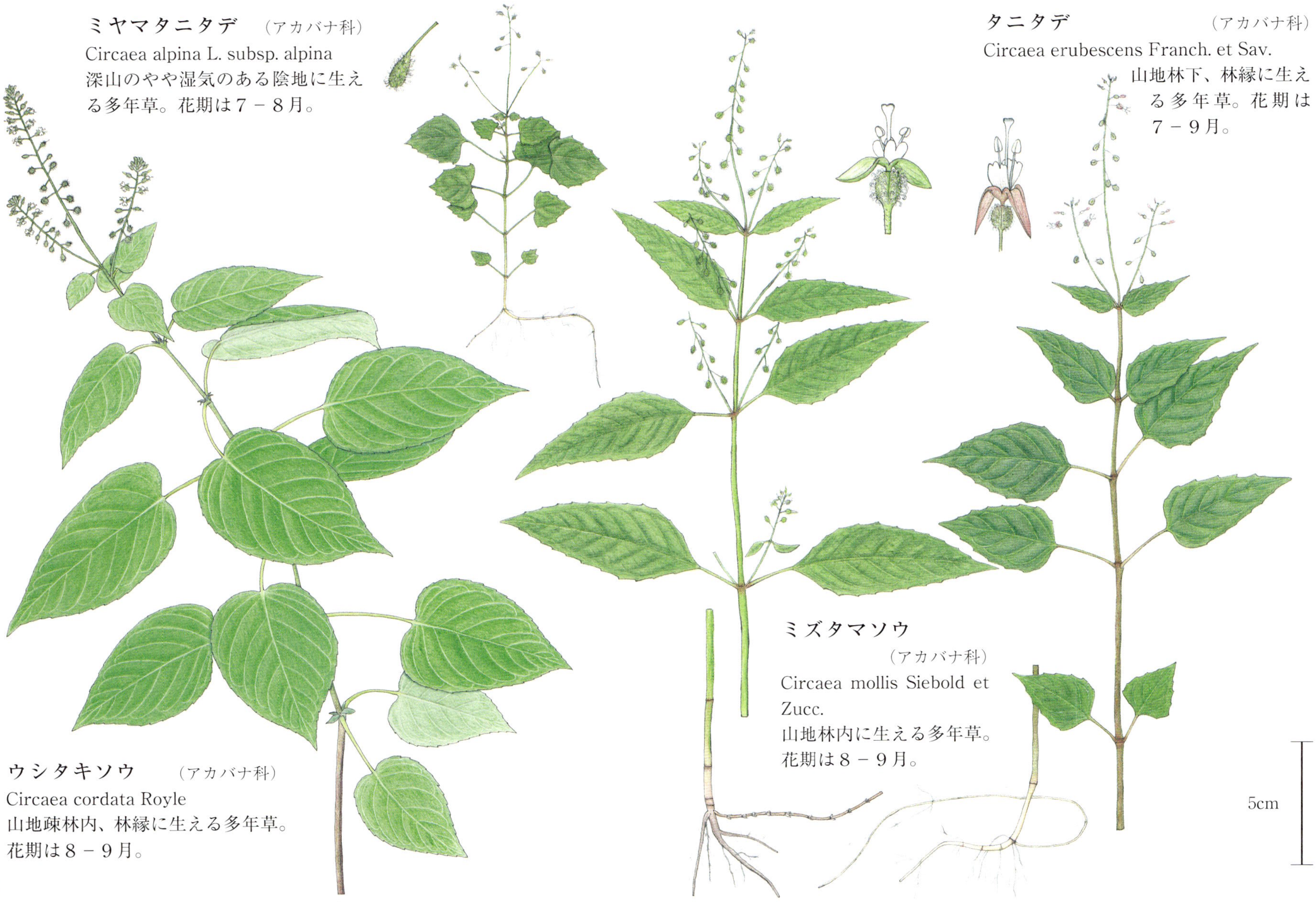

ミヤマタニタデ　（アカバナ科）
Circaea alpina L. subsp. alpina
深山のやや湿気のある陰地に生える多年草。花期は７－８月。

タニタデ　（アカバナ科）
Circaea erubescens Franch. et Sav.
山地林下、林縁に生える多年草。花期は７－９月。

ミズタマソウ　（アカバナ科）
Circaea mollis Siebold et Zucc.
山地林内に生える多年草。花期は８－９月。

ウシタキソウ　（アカバナ科）
Circaea cordata Royle
山地疎林内、林縁に生える多年草。花期は８－９月。

ヤツデ　（ウコギ科）

Fatsia japonica (Thunb.) Decne. et Planch. var. japonica

低山地林内に生える常緑低木。花期は 11 － 12 月。

キヅタ　（ウコギ科）

Hedera rhombea (Miq.) Bean

木の幹、岩上などに這い登る常緑藤本。花期は 10 － 12 月。

オカウコギ　（ウコギ科）

Eleutherococcus spinosus (L.f.) S.Y.Hu var. japonicus (Franch. et Sav.) H.Ohba

丘陵地林内、林縁などに生える落葉低木。花期は 5 － 6 月。

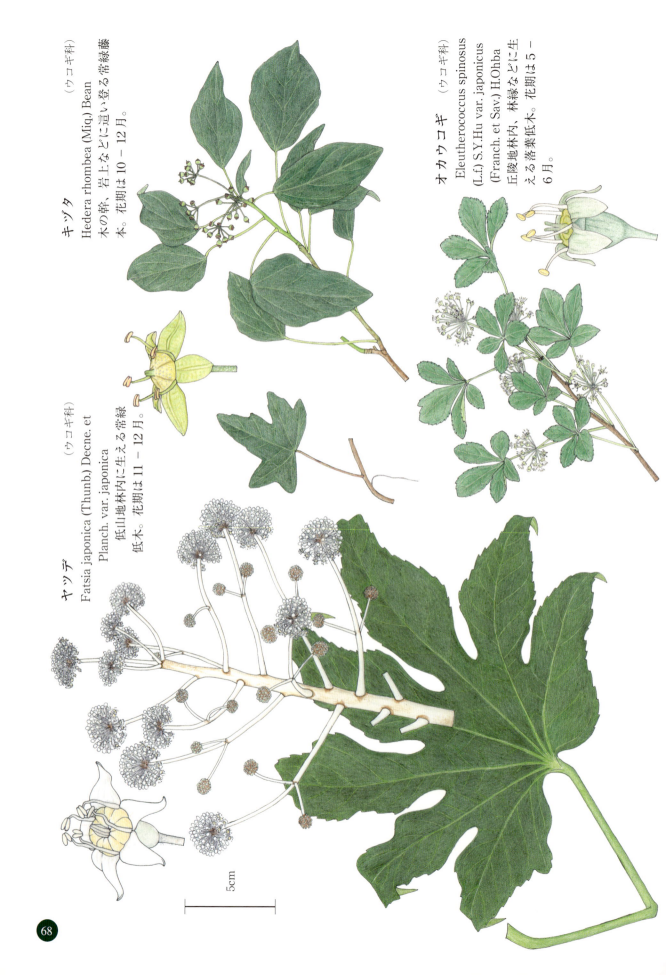

オオバチドメ （セリ科）

Hydrocotyle javanica Thunb.
山林下、林縁のやや湿ったところに生える多年草。花期は7－10月。

ツボクサ （セリ科）

Centella asiatica (L.) Urb.
山野の林縁、草地に生える多年草。花期は5－8月。

ハマボウフウ （セリ科）

Glehnia littoralis F.Schmidt ex Miq.
海岸砂地に生える多年草。花期は5－6月。

ミズキンバイ （アカバナ科）

Ludwigia peploides (Kunth) P.H. Raven subsp. stipulacea (Ohwi) P.H. Raven
沼地に生える多年草。花期は7－9月。

ウバタケニンジン　（セリ科）

Angelica ubatakensis (Makino) Kitag. var. ubatakensis

陽向山地に生える。多年草。花期は7－9月。

ノダケ　（セリ科）

Angelica decursiva (Miq.) Franch. et Sav.

山地、草原に生える多年草。花期は9－10月。

ヒメノダケ　（セリ科）

Angelica cartilaginomarginata (Makino ex Y.Yabe) Nakai var. cartilaginomarginata

陽向草原に生える多年草。花期は8－10月。

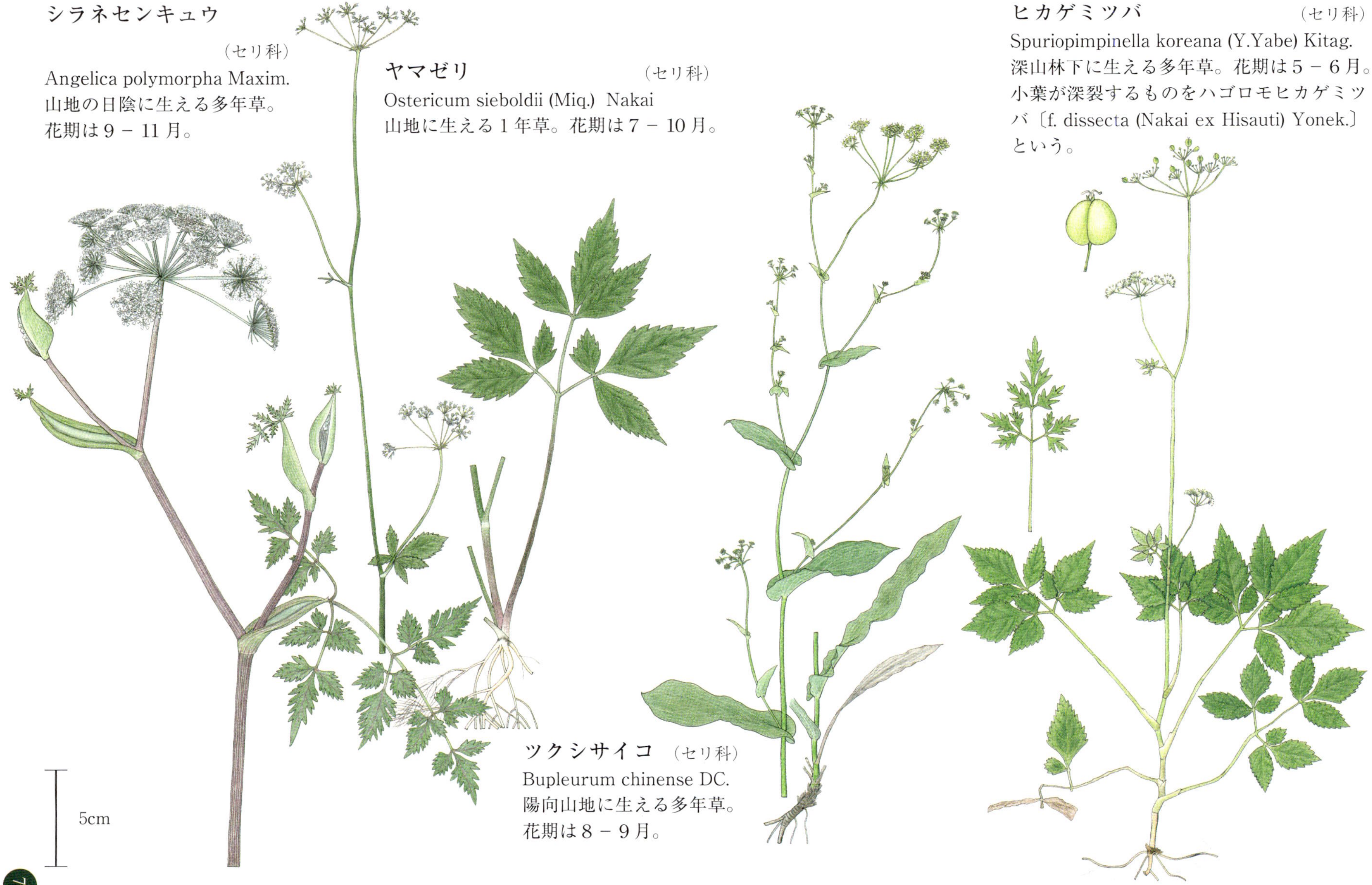

シラネセンキュウ

（セリ科）

Angelica polymorpha Maxim.
山地の日陰に生える多年草。
花期は９－11月。

ヤマゼリ　（セリ科）

Ostericum sieboldii (Miq.) Nakai
山地に生える１年草。花期は７－10月。

ツクシサイコ　（セリ科）

Bupleurum chinense DC.
陽向山地に生える多年草。
花期は８－９月。

ヒカゲミツバ　（セリ科）

Spuriopimpinella koreana (Y.Yabe) Kitag.
深山林下に生える多年草。花期は５－６月。
小葉が深裂するものをハゴロモヒカゲミツバ〔f. dissecta (Nakai ex Hisauti) Yonek.〕という。

ツクシコバノミツバツツジ

（ツツジ科）

Rhododendron reticulatum D. Don ex G.Don f. glabrescens (Nakai et H.Hara) T.Yamaz.

雑木林内に生える落葉低木。
花期は３—４月。

ゲンカイツツジ

（ツツジ科）

Rhododendron mucronulatum Turcz. var. ciliatum Nakai

山地岩上に生える落葉低木。花期は３－４月。

ハイヒカゲツツジ

（ツツジ科）

Rhododendron keiskei Miq. var. ozawae T. Yamaz.

屋久島上部の岩上に生える常緑低木。花期は４－５月。

ギーマ

（ツツジ科）

Vaccinium wrightii A. Gray

南部島嶼の林内、林縁に生える常緑低木。花期は３－４月。

ナツハゼ

（ツツジ科）

Vaccinium oldhamii Miq.

山地疎林内、林縁に生える落葉低木。花期は５－６月。

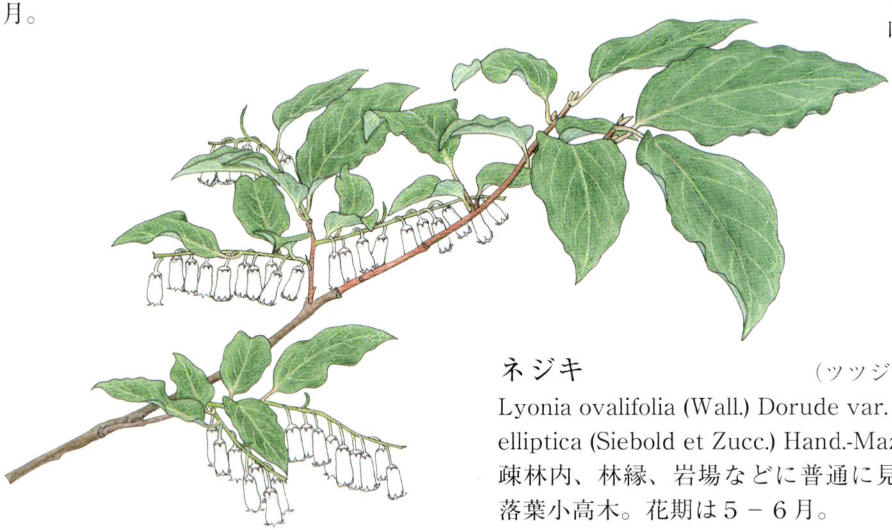

ネジキ

（ツツジ科）

Lyonia ovalifolia (Wall.) Dorude var. elliptica (Siebold et Zucc.) Hand.-Mazz.

疎林内、林縁、岩場などに普通に見る落葉小高木。花期は５－６月。

5cm

シシアクチ　（ヤブコウジ科）
Ardisia quinquegona Blume
南部島嶼の林内に生える常緑の低－小高木。花期は5－6月。

オオツルコウジ　（ヤブコウジ科）
Ardisia walkeri Yuen P.Yang
山地林床に生える常緑の小低木。花期は5－7月。

ルリハコベ　（サクラソウ科）
Anagallis arvensis L.
沿海地に生える1年草。花期は3－5月。

ヌマトラノオ　（サクラソウ科）

Lysimachia fortunei Maxim.

湿地に生える多年草。花期は７－８月。

5cm

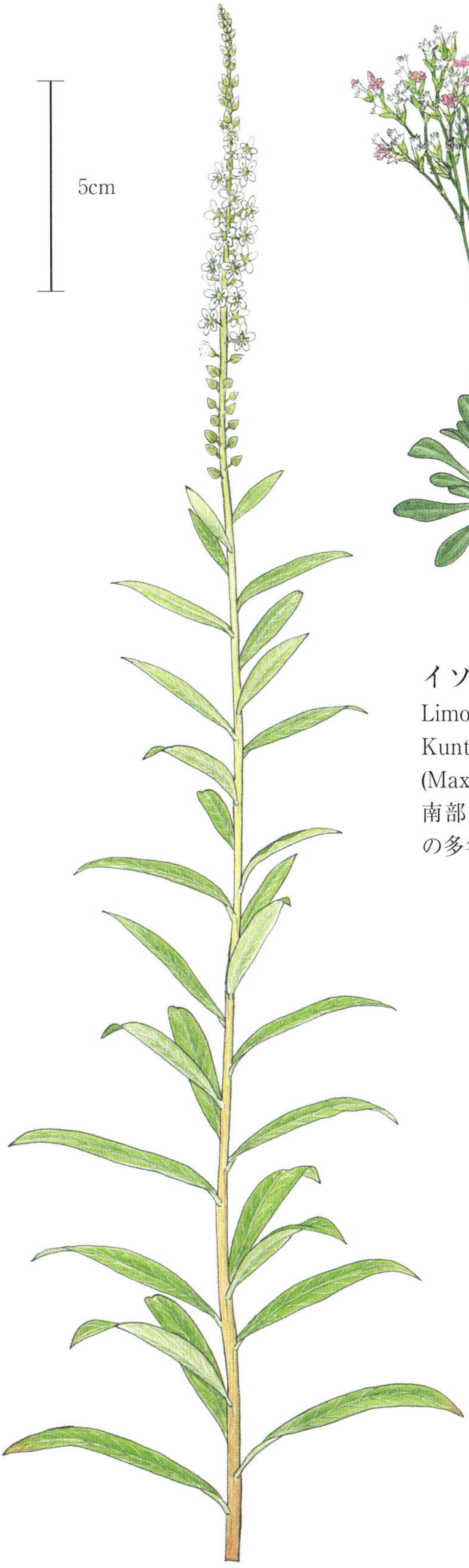

イソマツ　（イソマツ科）

Limonium wrightii (Hance) Kuntze var. arbusculum (Maxim.) H.Hara

南部島嶼の海岸の岩間に生える低木状の多年草。花期は８－９月。

クサレダマ　（サクラソウ科）

Lysimachia vulgaris L. subsp. davurica (Ledeb.) Tatew.

山中、林縁などのやや湿ったところに生える多年草。花期は７－８月。

リュウキユウマメガキ　シナノガキ

（カキノキ科）

Diospyros japonica Siebold et Zucc..
古く中国から渡来したとされる落葉高木。花期は６月。柿渋を作る。

ヤマガキ　（カキノキ科）

Diospyros kaki Thunb. var. sylvestris Makino
子房、葉裏が多毛。各地に野生化する。花期は５－６月。

コハクウンボク　（エゴノキ科）

Styrax shiraiana Makino
山地に生える落葉小高木。花期は６月。

5cm

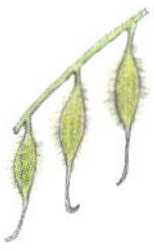

オオバアサガラ　（エゴノキ科）

Pterostyrax hispida Siebold et Zucc.
山地渓流沿いに生える落葉小高木。
花期は６月。

クロミノサワフタギ　（ハイノキ科）

Symplocos tanakana Nakai
山地に生える落葉低木。花期は５－６月。

5cm

アサガラ　（エゴノキ科）

Pterostyrax corymbosa Siebold et Zucc.
山中に生える落葉高木。花期は５－６月。

サワフタギ　（ハイノキ科）

Symplocos sawafutagi Nagam. var. sawafutagi

山地渓流沿に生える落葉低木。花期は5－6月。

クロバイ　（ハイノキ科）

Symplocos prunifolia Siebold et Zucc, var. prunifolia

山地に生える常緑高木。花期は4－5月。

タンナサワフタギ　（ハイノキ科）

Symplocos coreana (H.Lév.) Ohwi

山地に生える落葉低木。花期は6月。

サイゴクイボタ

（モクセイ科）

Ligustrum ibota Siebold

山地に生える落葉低木。花期は
5－6月。

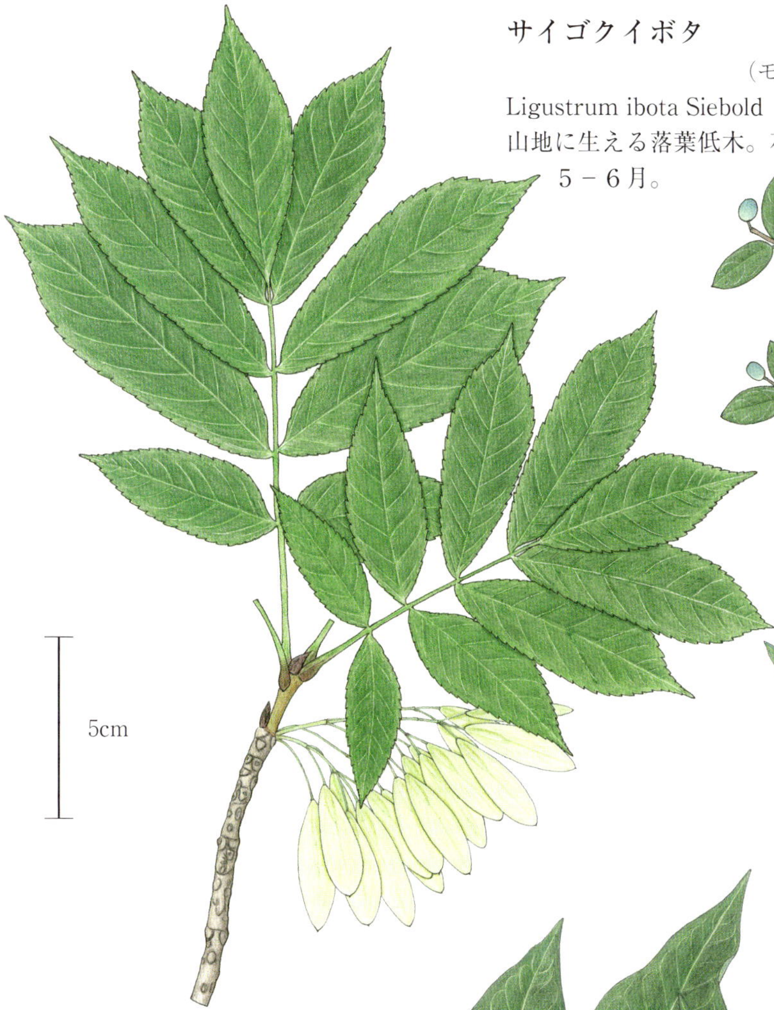

シオジ

（モクセイ科）

Fraxinus platypoda Oliv.

山地渓流沿いに生える落葉高木。
花期は4－5月。

シマモクセイ

（モクセイ科）

Osmanthus insularis Koidz. var. insularis

沿海地林内に多く見る常緑
高木。花は10月。

ホウライカズラ　（マチン科）

Gardneria nutans Siebold et Zucc.
林内に生える常緑藤本。花期は６－７月。

アイナエ　（マチン科）

Mitrasacme pygmaea R.Br.
陽向低湿地に生える１年草。
花期は８－９月。

ヒメナエ　（マチン科）

Mitrasacme indica Wight
陽向湿地に生える１年草。
花期は８－９月。

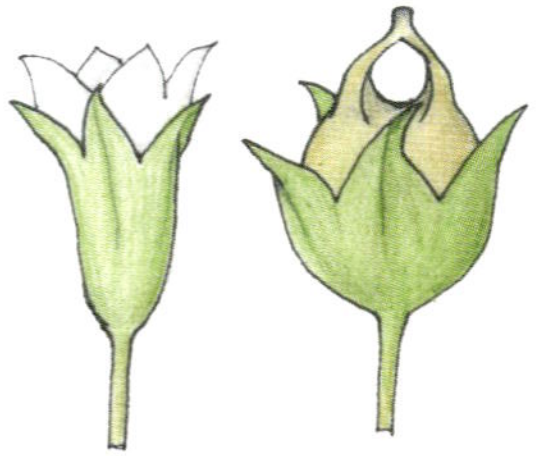

5cm

ムラサキセンブリ　（リンドウ科）

Swertia pseudochinensis H.Hara

山野の陽向地に生える１年草。花期は８－11月。センブリ同様の苦味がある。

アケボノソウ　（リンドウ科）

Swertia bimaculata (Siebold et Zucc.) Hook.f. et Thomson ex C.B.Clarke

山野のやや湿地に生える１年草。花期は９－10月。

シノノメソウ　（リンドウ科）

Swertia swertopsis Makino

深山に生える１年－越年草。花期は８－９月。

センブリ　（リンドウ科）

Swertia japonica (Schult.)
Makino var. japonica

山野の陽向地に生える１年草。花期は８－11月。全草苦味。

ハルリンドウ　（リンドウ科）

Gentiana thunbergii (G.Don)
Griseb. var. thunbergii

山野の陽向地に生える越年草。

花期は３－５月。

5cm

フデリンドウ　（リンドウ科）

Gentiana zollingeri Fawc.

山野の陽地、半陰地に生える越年草。

花期は４－５月。

コケリンドウ　（リンドウ科）

Gentiana squarrosa Ledeb.

陽向の山地、原野に生える越年草。

花期は３－５月。

イケマ　（ガガイモ科）
Cynanchum caudatum (Miq.) Maxim.
var. caudatum
山地の林縁、草地などに生えるつる性の多年草。
花期は７－８月。

アオカモメヅル　（ガガイモ科）
Vincetoxicum ambiguum Maxim.
低山地の林縁や草地に生えるつる性の多年草。
花期は８－10月。

ガガブタ　（ミツガシワ科）
Nymphoides indica (L.) Kuntze
池、沼などに生える浮葉性の多年草。花期は７－９月。

コカモメヅル　（ガガイモ科）
Tylophora floribunda Miq.
山野の草地に生えるつる性の多年草。花期は７－８月。

タニワタリノキ（アカネ科）
Adina pilulifera (Lam.) Franch. ex Drake
渓流沿いの岩礫地に生える常緑小高木。花期は８月。

クルマムグラ（アカネ科）
Galium japonicum Makino
高い山の林内に生える多年草。花期は６－７月。

ツルアリドオシ（アカネ科）
Mitchella undulata Siebold et Zucc.
山地林縁のやや湿気のあるところに生える多年草。花期は５－６月。紅熟。

クサタチバナ（ガガイモ科）
Vincetoxicum acuminatum Decne.
やや乾燥した山地林内、草地に生える多年草。花期は６－７月。（縮尺：37%）

5cm

アリドオシ（アカネ科）
Damnacanthus indicus C.F.Gaertn. var. indicus
林内に生える常緑低木。花期は４－５月。

オオアリドオシ（アカネ科）
Damnacanthus indicus C.F.Gaertn. var. major (Siebold et Zucc.) Makino
林内に生える常緑低木。
花期は４－５月。

ジュズネノキ（アカネ科）
Damnacanthus macrophyllus Siebold ex Miq.
林内に生える常緑低木。花期は４－５月。

ナガバジュズネノキ（アカネ科）
Damnacanthus giganteus (Makino) Nakai
林内に生える常緑低木。花期は３－４月。

アメリカアサガオ

（ヒルガオ科）

Ipomoea hederacea (L.) Jacq. var. hederacea
低地に帰化する１年草。
花期は８－10月。

マルバアメリカアサガオ

（ヒルガオ科）

Ipomoea hederacea (L.) Jacq. var. integriuscula A.Gray
アメリカアサガオに同じ。

5cm

オキナアサガオ

（ヒルガオ科）

Jacquemontia tamnifolia (L.) Griseb.
帰化植物の１年草。花期は９－10月。

モミジヒルガオ　タイワンアサガオ

（ヒルガオ科）

Ipomoea cairica (L.) Sweet
南部島嶼に帰化するつる性の多年草。
花期は２－４月。

5cm

サワルリソウ　（ムラサキ科）
Ancistrocarya japonica Maxim.
山地林内に生える多年草。花期は５－６月。

オオルリソウ　（ムラサキ科）
Cynoglossum furcatum Wall.
var. villosulum (Nakai) Riedl
山地の陽向草地に生える越年草。花期は７－８月。

5cm

ミズネコノオ （シソ科）

Pogostemon stellatus (Lour.)
Kuntze

水田、湿地に生える１年草。花期は８－10月。

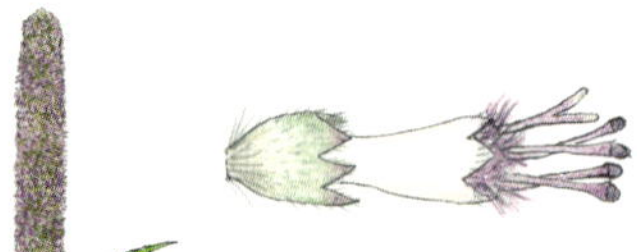

ミゾコウジュ （シソ科）

Salvia plebeia R.Br.

畔、やや湿った草地などに生える越年草。花期は５－６月。

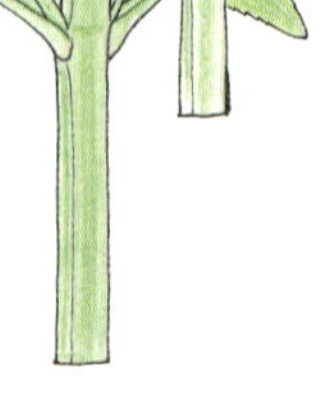

ミズトラノオ （シソ科）

Pogostemon yatabeanus
(Makino) Press

低湿地に生える多年草。花期は８－10月。

コシロネ　（シソ科）

Lycopus cavaleriei H.Lév.

湿地に生える多年草。花期は８－10月。

シラゲヒメジソ　（シソ科）

Mosla hirta (H.Hara) H.Hara

林縁などの半陰地に生える１年草。
花期は９－10月。

エゾシロネ　（シソ科）

Lycopus uniflorus Michx.

山間の湿地に生える多年草。花期は８－９月。

ヤマホロシ　（ナス科）

Solanum japonense Nakai var. japonense

山地林縁などに生える多年草。

花期は6－7月。

マルバノホロシ（ナス科）

Solanum maximowiczii Koidz.

山地林縁などに生える多年草。花期は8－9月。

ヒヨドリジョウゴ

（ナス科）

Solanum lyratum Thunb. var. lyratum

丘陵地、溝部などに見る多年草。

花期は8－9月。

ヒキヨモギ　（ゴマノハグサ科）

Siphonostegia chinensis Benth. ex Hook. et Am.

陽向低山地の草地に生える１年草。花期は８－９月。

シオガマギク　（ゴマノハグサ科）

Pedicularis resupinata L. subsp. oppositifolia (Miq.) T.Yamaz. var. oppositifolia Miq.

山地の草地に生える多年草。花期は８－９月。

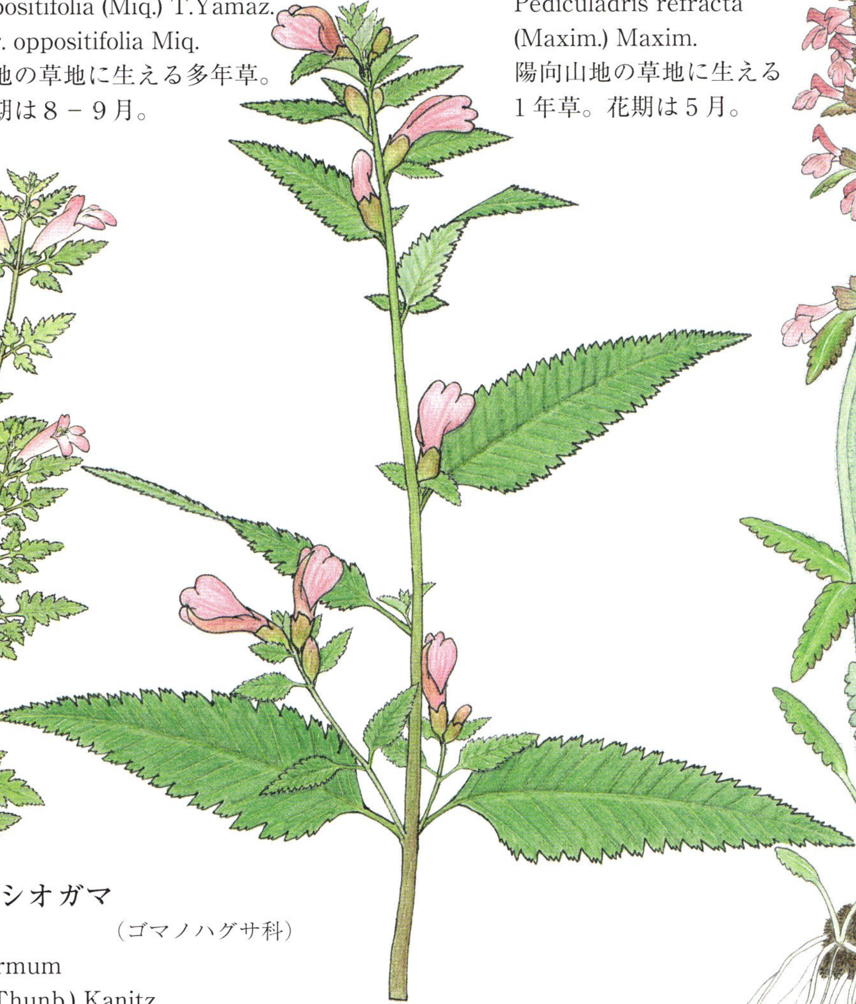

コシオガマ

（ゴマノハグサ科）

Phtheirospermum japonicum (Thunb.) Kanitz

陽向の低山草地に生える一年草。花期は９－10月。

ツクシシオガマ

（ゴマノハグサ科）

Pediculadris refracta (Maxim.) Maxim.

陽向山地の草地に生える１年草。花期は５月。

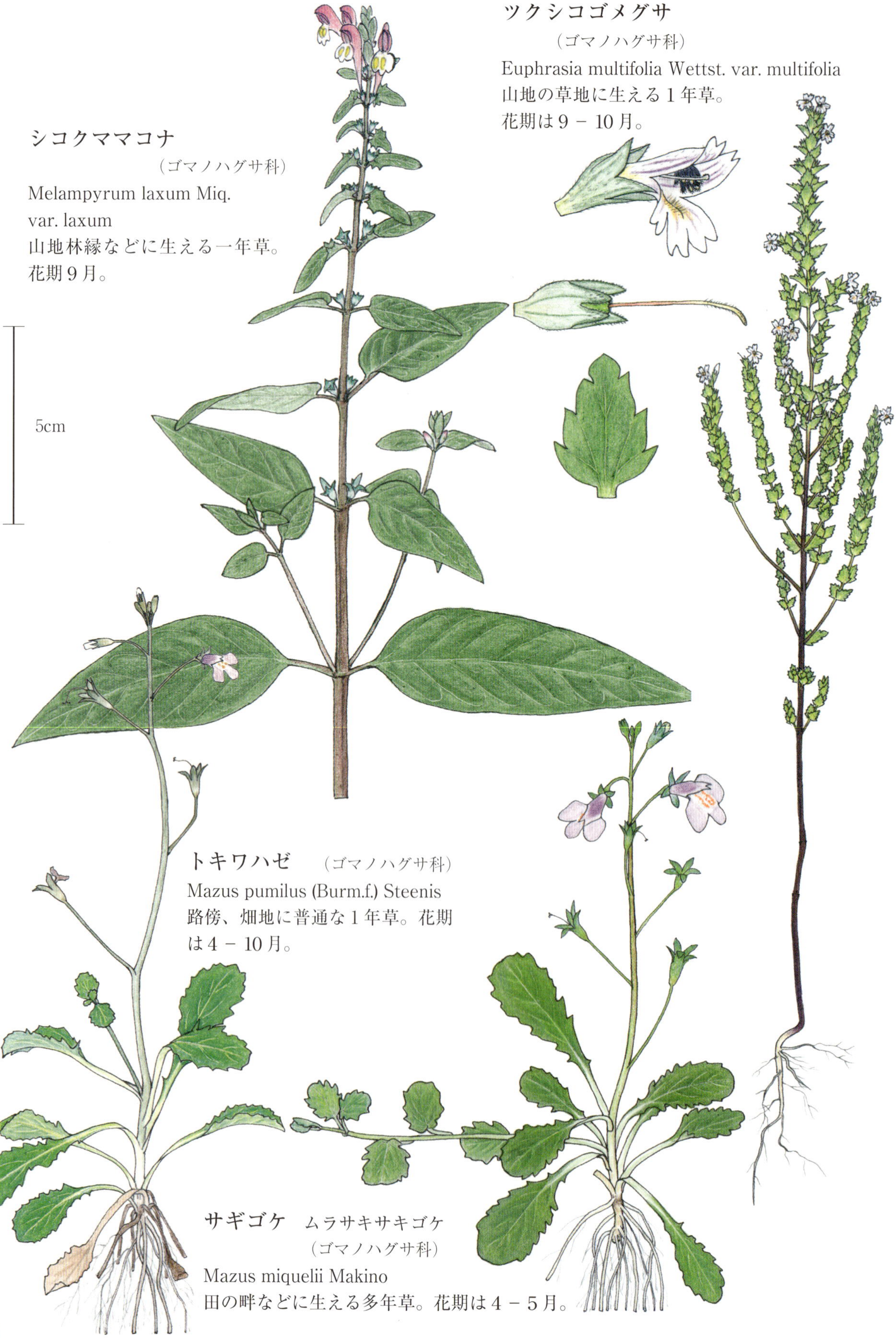

ツクシコゴメグサ

（ゴマノハグサ科）

Euphrasia multifolia Wettst. var. multifolia

山地の草地に生える１年草。

花期は９－10月。

シコクママコナ

（ゴマノハグサ科）

Melampyrum laxum Miq.
var. laxum

山地林縁などに生える一年草。

花期９月。

トキワハゼ　（ゴマノハグサ科）

Mazus pumilus (Burm.f.) Steenis

路傍、畑地に普通な１年草。花期は４－10月。

サギゴケ　ムラサキサギゴケ

（ゴマノハグサ科）

Mazus miquelii Makino

田の畔などに生える多年草。花期は４－５月。

オキナワスズムシソウ

（キツネノマゴ科）

Strobilanthes tashiroi Hayata

南部島嶼の林下、林縁などに生える多年草。花期は１－３月。

ナベナ

（マツムシソウ科）

Dipsacus japonicus Miq.

陽向山地に生える越年草。花期は８－９月。

マツムシソウ

（マツムシソウ科）

Scabiosa japonica Miq. var. japonica

山地草原に生える越年草。花期は８－９月。

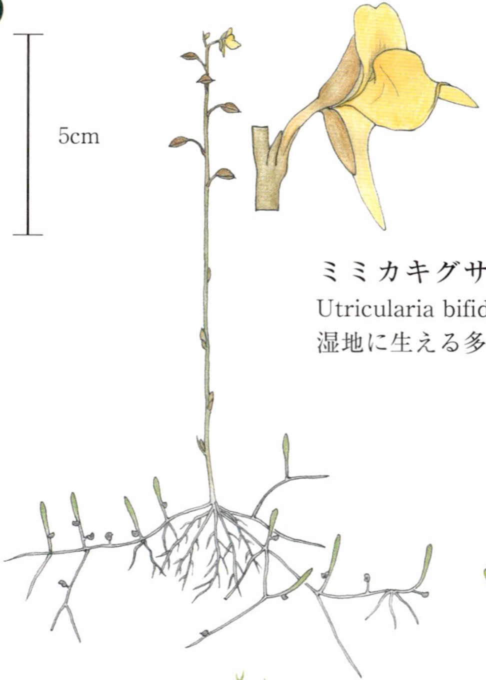

ミミカキグサ　　（タヌキモ科）

Utricularia bifida L.

湿地に生える多年草。花期は８－９月。

イヌタヌキモ　　（タヌキモ科）

Utricularia australis R.Br.

池、沼などに生える多年草。

花期は８－９月。

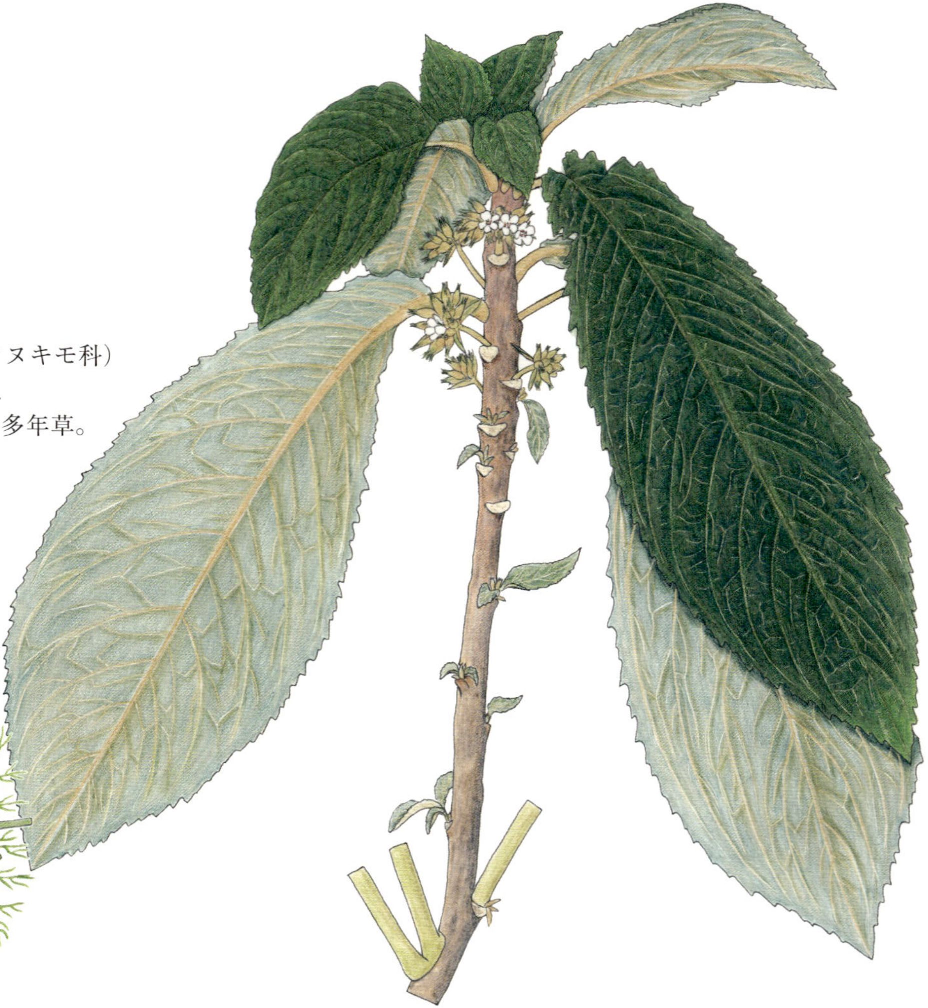

タマザキヤマビワソウ　　（イワタバコ科）

Rhynchotechum discolor (Maxim.)

B.L.Burtt var. austrokiushiuense (Ohwi) Ohwi

南部林縁に生える小低木。花は８－10月。

ヘラオオバコ

（オオバコ科）

Plantago lanceolata L.

帰化植物。路傍、草地に見る多年草。花期は４－８月。

ツボミオオバコ

（オオバコ科）

Plantago virginica L.

路傍、荒地に生える１年―越年草。花期は５－８月。

オオバコ

（オオバコ科）

Plantago asiatica L. var. densiuscula Pilg.

路傍、陽向荒地に普通な多年草。花期は４－９月。

エゾオオバコ

（オオバコ科）

Plantago camtschatica Cham. ex Link

海岸砂地に生える多年草。花期は５－８月。

サンゴジュ（スイカズラ科）

Viburnum odoratissimum Ker Gawl. var. awabuki (K.Koch) Zabel

丘陵地、沿海地の谷筋に生える常緑高木。花期は９－10月。

ミヤマウグイスカグラ（スイカズラ科）

Lonicera gracilipes Miq. var. glandulosa Maxim.

山地疎林内、林縁に見る落葉低木。花期は５－６月。

ツクバネウツギ（スイカズラ科）

Abelia spathulata Siebold et Zucc. var. spathulata

山地疎林内、林縁に生える落葉低木。花期は４－５月。

5cm

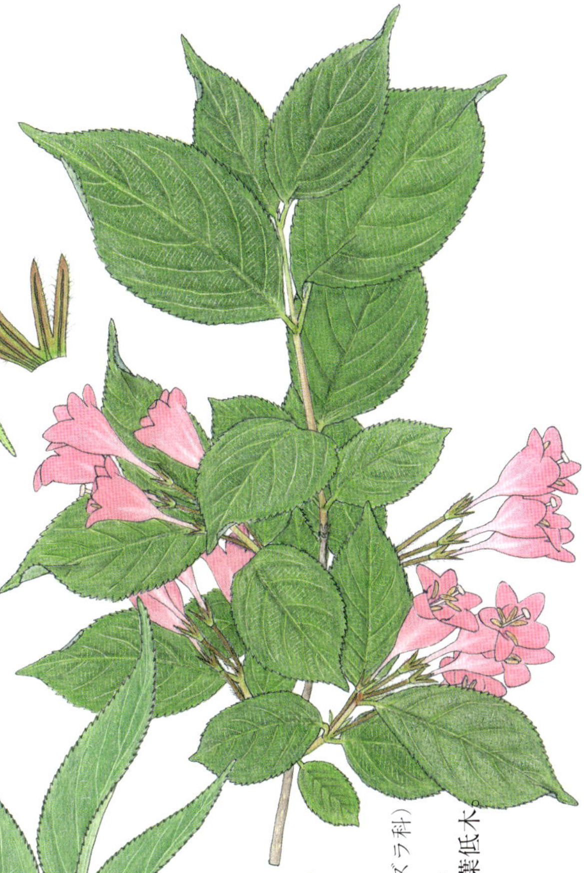

オオベニウツギ　（スイカズラ科）
Weigela florida (Bunge) A.DC.
北部の山地疎林内に生える落葉低木。
花期は５－６月。

ニワトコ　（スイカズラ科）
Sambucus racemosa L. subsp. sieboldiana
(Miq.) H.Hara var. sieboldiana Miq.
低地の雑木林、林縁などに普通に見る落葉低－
小高木。花期は３－５月。

ベニバナニシキウツギ　（スイカズラ科）
Weigela decora (Nakai) Nakai var. decora
f. unicolor (Nakai) H.Hara
高い山の疎林内に生える落葉小高木。花期は５
－６月。

ツクシイワシャジン

（キキョウ科）

Adenophora hatsushimae Kitam.

山地尾根筋の急斜面に生える多年草。
花期は８－９月。

サワギキョウ

（キキョウ科）

Lobelia sessilifolia Lamb.

山野の湿地に生える多年草。花期は８－９月。

タンゲブ

（キキョウ科）

Cyclocodon lancifolius (Roxb.) Kurz.

南部島嶼の林縁などに生える多年草。花期
は10－12月。

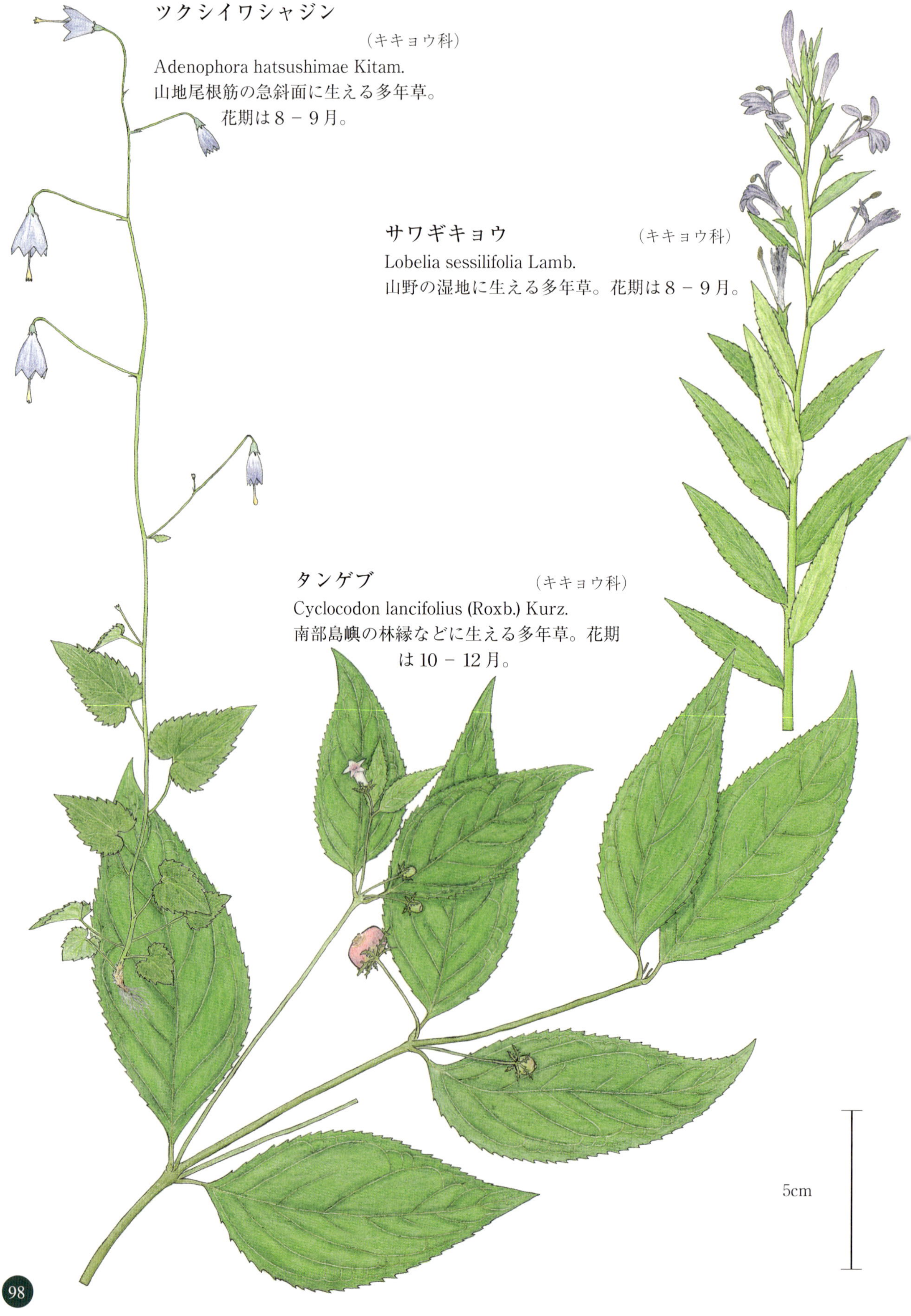

5cm

ニガナ　（キク科）

Ixeridium dentatum (Thunb.) Tzvelev
subsp. dentatum

山野の草地に普通な多年草。花期は５－７月。

イワニガナ ヂシバリ　（キク科）

Ixeris stolonifera A,Gray var.
stolonifera

山野の陽向地に普通な多年草。花期は４－７月。

オオヂシバリ　（キク科）

Ixeris japonica (Burm.f.)
Nakai

山野の陽向荒地に普通な多年草。花期は４－６月。

チョウセンヤマニガナ （キク科）

Pterocypsela raddeana (Maxim.) C.Shih
山地の林縁、草地に生える１年草。
花期は８－９月。

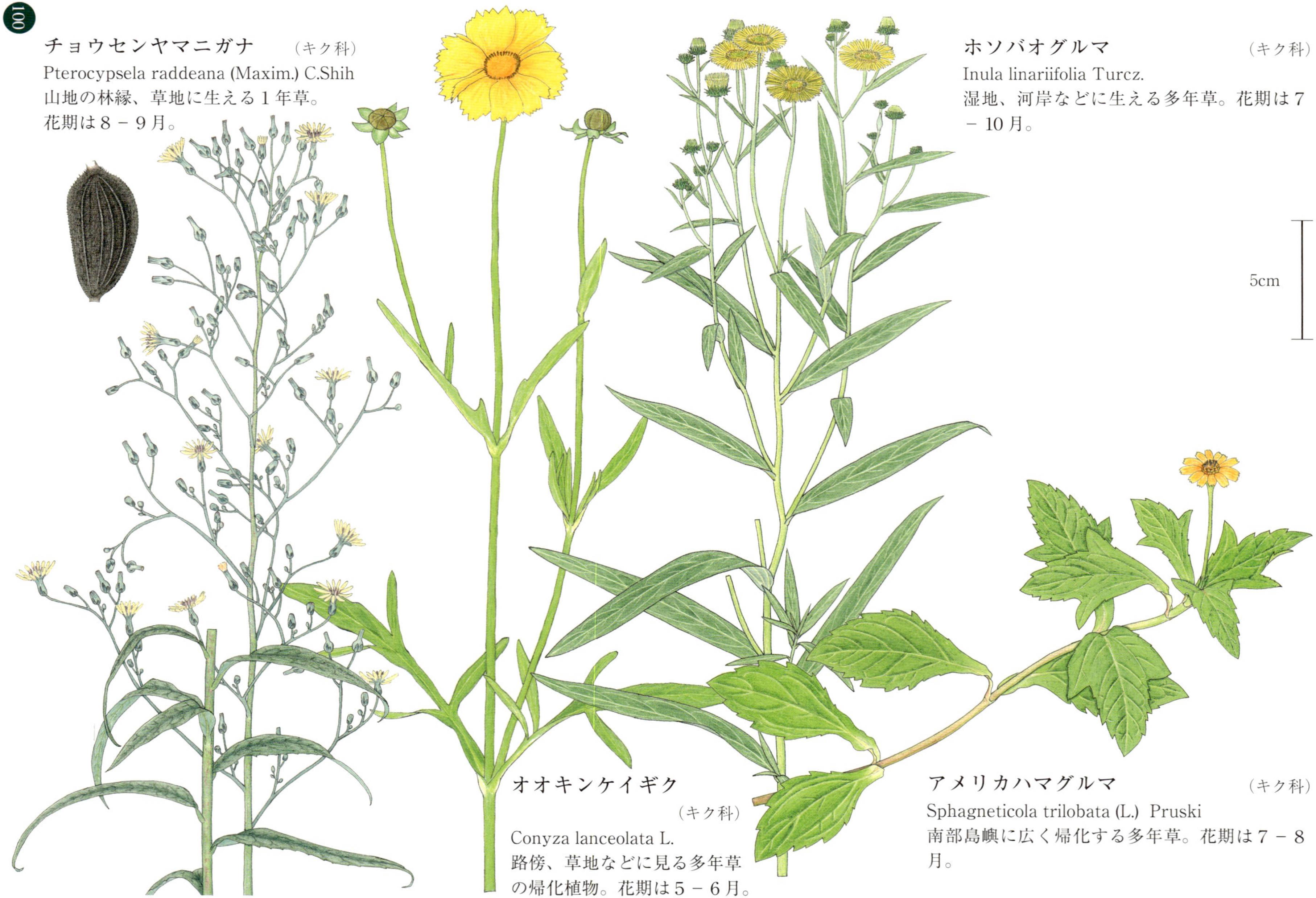

ホソバオグルマ （キク科）

Inula linariifolia Turcz.
湿地、河岸などに生える多年草。花期は７－10月。

オオキンケイギク （キク科）

Conyza lanceolata L.
路傍、草地などに見る多年草の帰化植物。花期は５－６月。

アメリカハマグルマ （キク科）

Sphagneticola trilobata (L.) Pruski
南部島嶼に広く帰化する多年草。花期は７－８月。

ソナレノギク　（キク科）

Aster hispidus Thunb. var. insularis (Makino) Okuyama

南部海岸の砂礫地に生える越年草。花期は6 － 8月。

キクタニギク　（キク科）

Chrysanthemum seticuspe (Maxim.) Hand.-Mazz. f. boreale (Makino) H.Ohashi et Yonek.

山地渓谷のやや乾いた崖などに生える多年草。花期は10 － 11月。

イワギク　（キク科）

Chrysanthemum zawadskii Herbich subsp. latilobum (Maxim.) Kirag var. dissectum (Y.Ling) Kitag.

山地の岩礫地などに生える多年草。花期は7 － 10月。

チョウセンノギク　（キク科）

Chrysanthemum zawadskii Herbich subsp. latilobum (Maxim.) Kitag. var. latilobum (Maxim.) Kitam.

右種に同じ

タムラソウ　（キク科）

Serratula coronata L. subsp. insularis (Iljin) Kitam.
山地草原にはえる多年草。花期は6－7月。

5cm

キリシマヒゴタイ
（キク科）

Saussurea scaposa
Franch. et Sav.
山地草原に生える多年草。花期は8－10月。

モリアザミ　（キク科）

Cirsium dipsacolepis (Maxim.) Matsum. var. dipsacolepis
山地草原に生える多年草。花期は9－10月。

キセルアザミ　（キク科）

Cirsium sieboldii Miq.
湿地に生える多年草。花期は9－10月。

カンクビソウ （キク科）

Carpesium divaricatum Siebold et Zucc. var. divaricatum
低山地林縁に生える多年草。花期は８－10月。

サジガンクビソウ （キク科）

Carpesium glossophyllum Maxim.
山地林内に生える多年草。花期は８－10月。

ヒメガンクビソウ （キク科）

Carpesium rosulatum Miq.
山地林内に生える多年草。花期は８－10月。

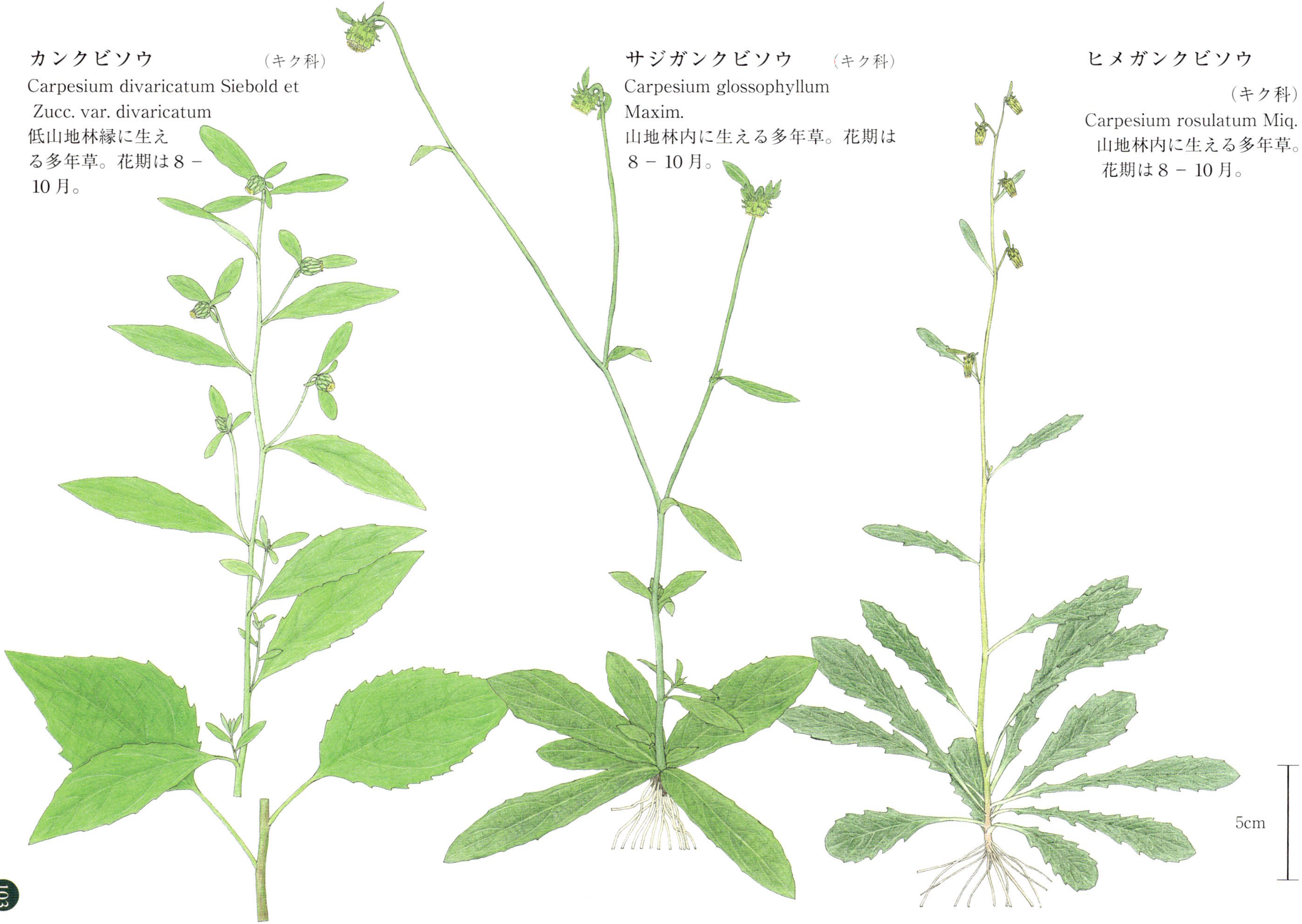

コシロノセンダングサ（キク科）
Bidens pilosa L. var. minor (Blume) Sherff
山野、路傍に普通な１年草。

ヤブタバコ（キク科）
Carpesium abrotanoides L.
林縁、藪に多い１年－越年草。花期は９－11月。

センダングサ（キク科）
Bidens biternata (Lour.) Merr. et Sherff var. biternata
湿性草地、溝辺に多い１年草。

コヤブタバコ（キク科）
Carpesium cernuum L.
山野の林内に普通な多年草。花期は７－９月。

ヤマヒヨドリバナ　（キク科）

Eupatorium variabile Makino

山地に生える多年草。花期は９－11月。

シマフジバカマ　（キク科）

Eupatorium luchuense Nakai var. *luchuense*

南部島嶼の陽向草地などに生える多年草。花期は１－７月。（縮尺：22％）

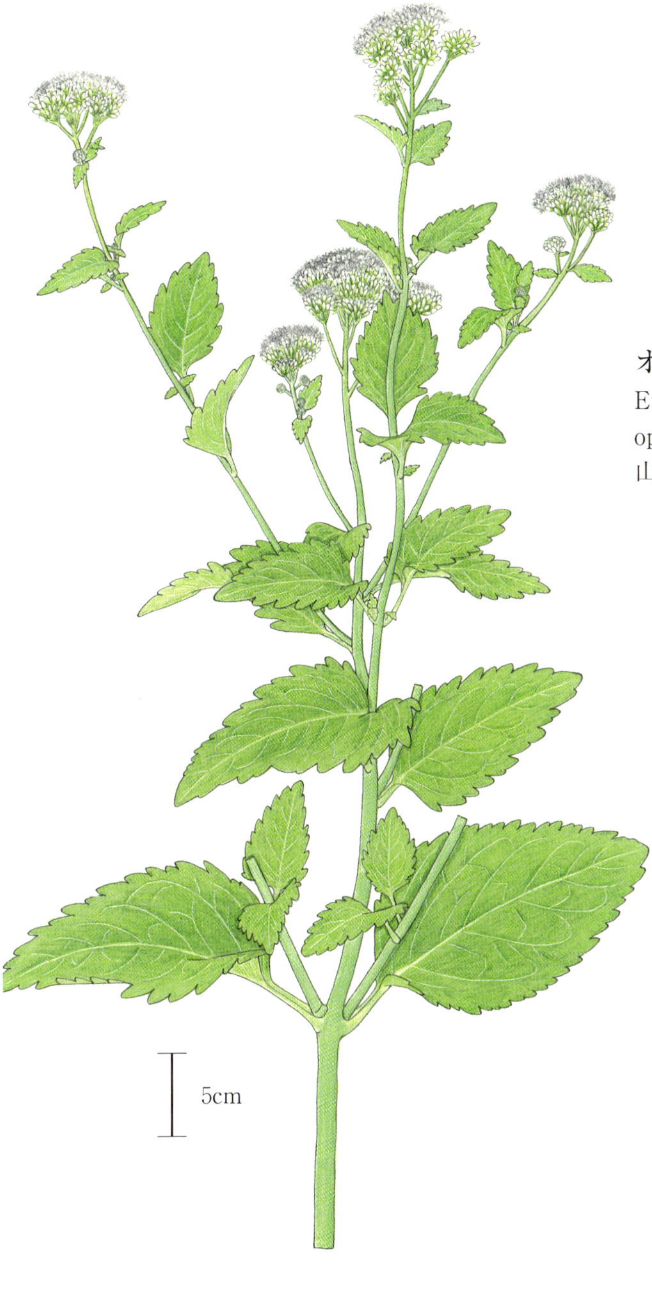

オオヒヨドリバナ　（キク科）

Eupatorium makinoi T.Kawahara et Yahara var. *oppositifolium* (Koidz.) T.Kawahara et Yahara

山野に普通な多年草。花期は８－10月。

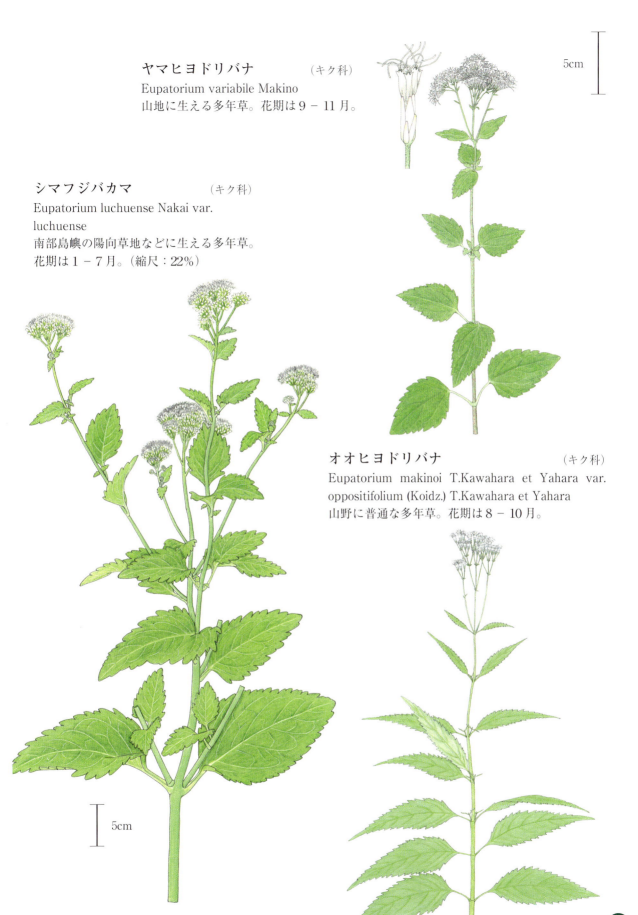

キッコウハグマ　（キク科）

Ainsliaea apiculata Sch.Bip. var. *apiculata*

山地林内に生える多年草。花期は９－10月。

ホソバハグマ　（キク科）

Ainsliaea faurieana Beauverd

屋久島の渓流沿いなどの岩上などに生える多年草。花期は７－11月。

マルバテイショウソウ　（キク科）

Ainsliaea fragrans Champ.

南部の林内、林縁などに生える多年草。花期は11－12月。

5cm

オケラ　（キク科）

Atractylodes ovata (Thunb.) DC.

やや乾いた草地などに生える多年草。花期は９－10月。

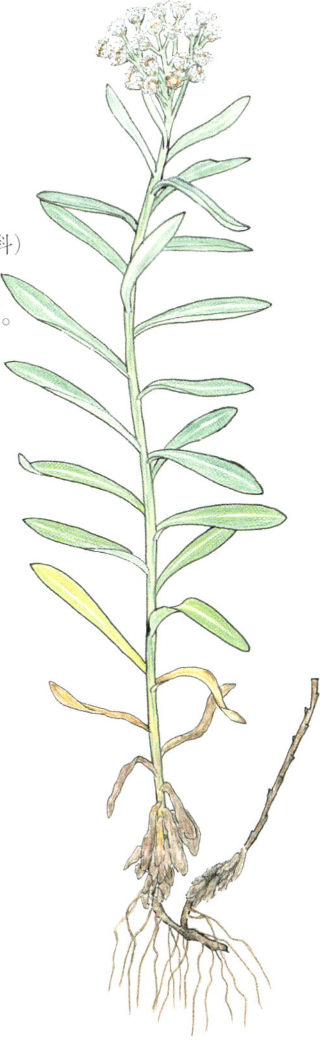

ヤハズハハコ　（キク科）

Anaphalis sinica Hance var. sinica

山地に生える多年草。花期は８－９月。

ウラジロチチコグサ　（キク科）

Gamochaeta coarctata (Willd.) Kerguélen

路傍、草地などに帰化している多年草。花期は３－６月。

5cm

コウヤボウキ（キク科）
Pertya scandens (Thunb.) Sch.Bip.
陽向山地に生える落葉低木。花期は9－10月。

ナガバノコウヤボウキ（キク科）
Pertya glabrescens Sch.Bip. ex Nakai
山地林縁に生える落葉低木。花期は8－10月。

シマコウヤボウキ（キク科）
Pertya yakushimensis H.Koyama et Nagam.
屋久島特産の低木。花期は7－8月。

フクド（キク科）
Artemisia fukudo Makino
河口付近の水際に生える越年草。花期は9－10月。

ミズヒマワリ　（キク科）
Gymnocoronis spilanthoides DC.
水際に生える多年草の帰化植物。
花期は９－
10月。

モミジコウモリ　（キク科）
Parasenecio kiusianus
(Makino) H,Koyama
山地林下に生える多年草。
花期は８－10月。

モミジガサ
（キク科）
Parasenecio
delphiniifolius
(Siebold et Zucc.)
H.Koyama
var. delphiniifolius
山地林内の多年
草。花は８月。

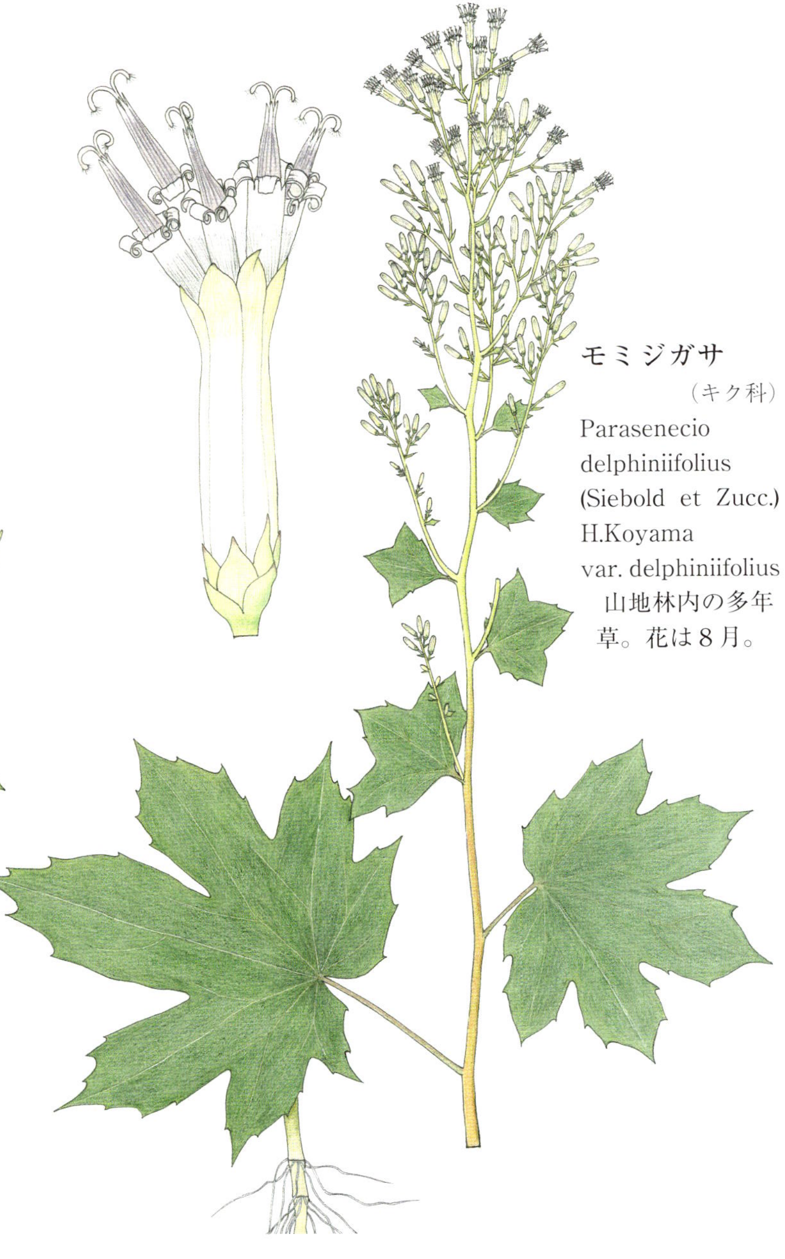

ツクシメナモミ（キク科）

Sigesbeckia orientalis L.

林縁、草地に生える１年草。花期は４－10月。

コメナモミ（キク科）

Sigesbeckia glabrescens (Makino) Makino

山野に生える１年草。花期は９－10月。

メナモミ（キク科）

Sigesbeckia pubescens (Makino) Makino

山野に多い１年草。花期は９－10月。

トウギボウシ　オオバギボウシ　（ユリ科）

Hosta sieboldiana (Lodd.) Engl. var　sieboldiana

山地草原などに生える多年草。花期は６－８月。

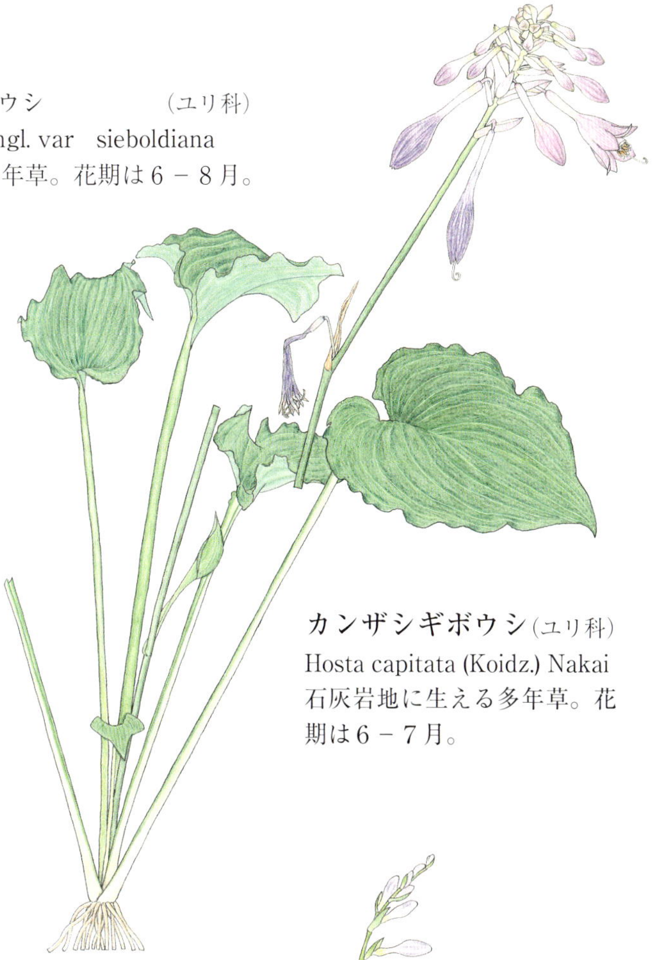

カンザシギボウシ（ユリ科）

Hosta capitata (Koidz.) Nakai

石灰岩地に生える多年草。花期は６－７月。

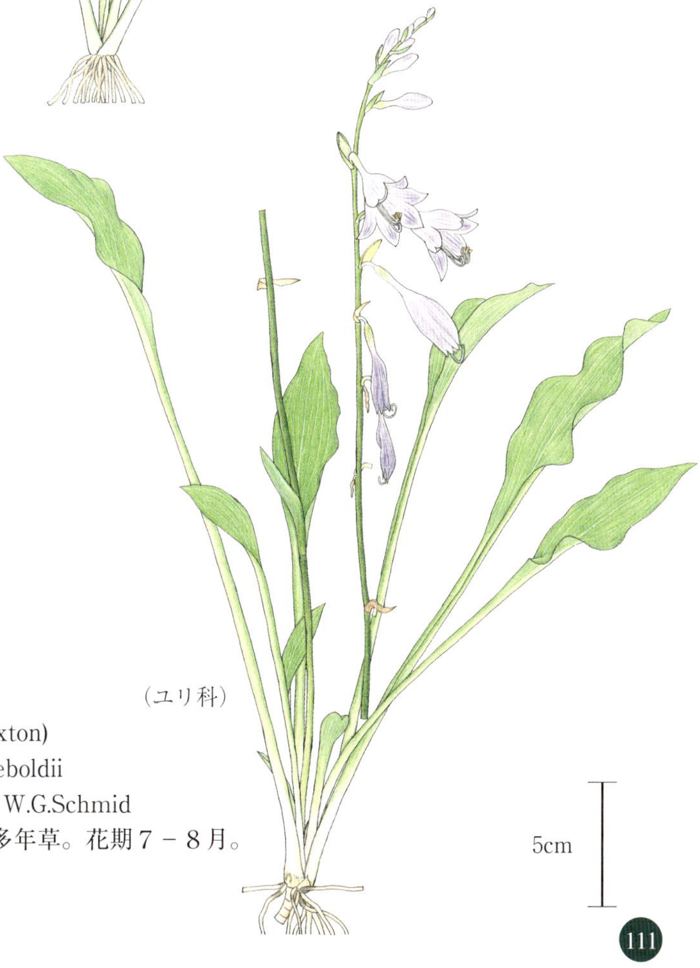

コバギボウシ　（ユリ科）

Hosta sieboldii (Paxton)
J.W.Ingram var. sieboldii
f. spathulata (Miq.) W.G.Schmid

陽向湿地に生える多年草。花期７－８月。

5cm

5cm

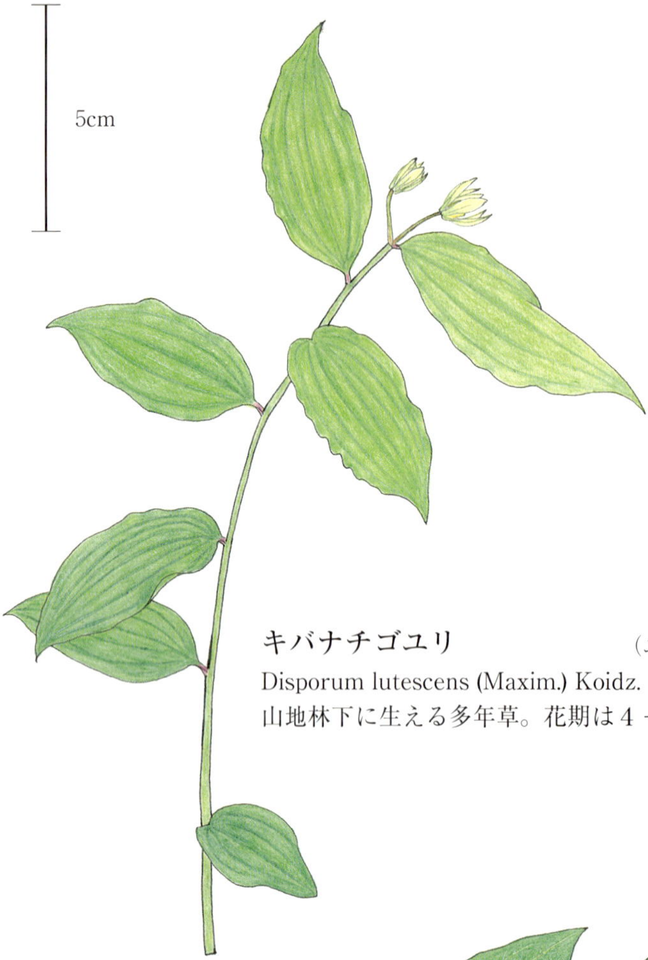

キバナチゴユリ　（ユリ科）

Disporum lutescens (Maxim.) Koidz.
山地林下に生える多年草。花期は４－５月。

5cm

アマナ　（ユリ科）

Amana edulis (Miq.) Honda
山地林下、林縁に生える多年草。花期は３－４月。
（縮尺：45％）

ホソバナコバイモ　（ユリ科）

Fritillaria amabilis Koidz.
山地林下に生える多年草。花期は３－４月。

マルバサンキライ　（ユリ科）

Smilax stans Maxim.
山地に生える半つる性低木。花期は５－６月。

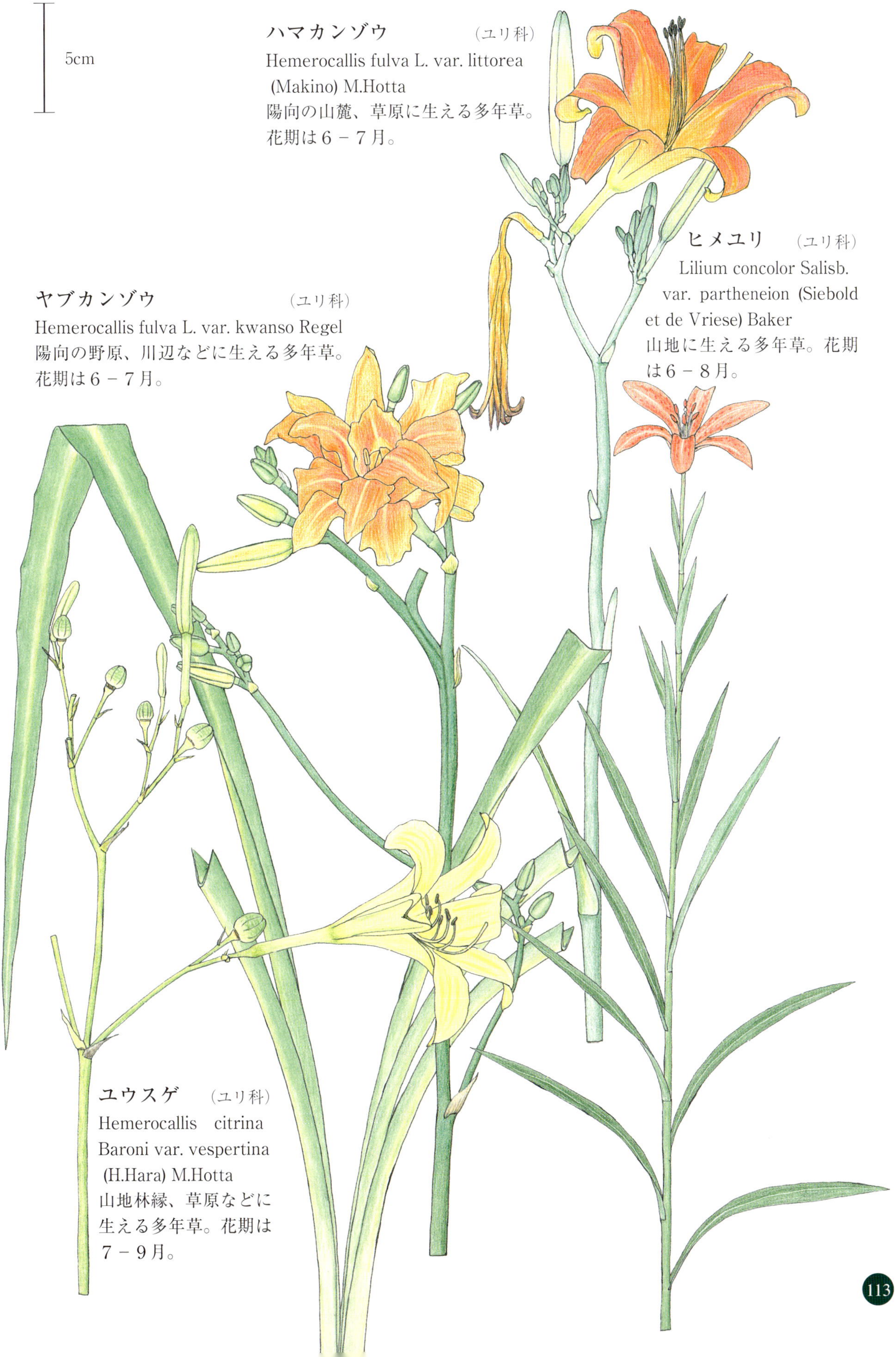

ハマカンゾウ　（ユリ科）

Hemerocallis fulva L. var. littorea (Makino) M.Hotta

陽向の山麓、草原に生える多年草。花期は６－７月。

ヒメユリ　（ユリ科）

Lilium concolor Salisb. var. partheneion (Siebold et de Vriese) Baker

山地に生える多年草。花期は６－８月。

ヤブカンゾウ　（ユリ科）

Hemerocallis fulva L. var. kwanso Regel

陽向の野原、川辺などに生える多年草。花期は６－７月。

ユウスゲ　（ユリ科）

Hemerocallis citrina Baroni var. vespertina (H.Hara) M.Hotta

山地林縁、草原などに生える多年草。花期は７－９月。

チャボホトトギス（ユリ科）
Tricyrtis nana Yatabe
山野の疎林内、草地性。
花期は8－9月。

ホトトギス（ユリ科）
Tricyrtis hirta (Thunb) Hook. var. hirta
山地の半日陰に生える多年草。
花期は8－10月。

ヤマホトトギス（ユリ科）
Tricyrtis macropoda Miq. var. macropoda
山地林内に生える多年草。花期は8－9月。

ヤマジノホトトギス（ユリ科）
Tricyrtis affinis Makino
山地林内などに生える多年草。
花期は8－10月。

ハラン　（左図）　（ユリ科）

Aspidistra elatior Blume

鹿児島県原産で、通常庭園に栽培される。花期は４月。

ノヒメユリ　（右図）　（ユリ科）

Lilium callosum Siebold et Zucc. var. *callosum*

山地草原に生える多年草。花期は８月。

ヤマユリ　（ユリ科）

Lillium auratum Lindl. var. *auratum*

山地、丘陵地に生える多年草で、九州のものは野生化したもの。花期は７－８月。

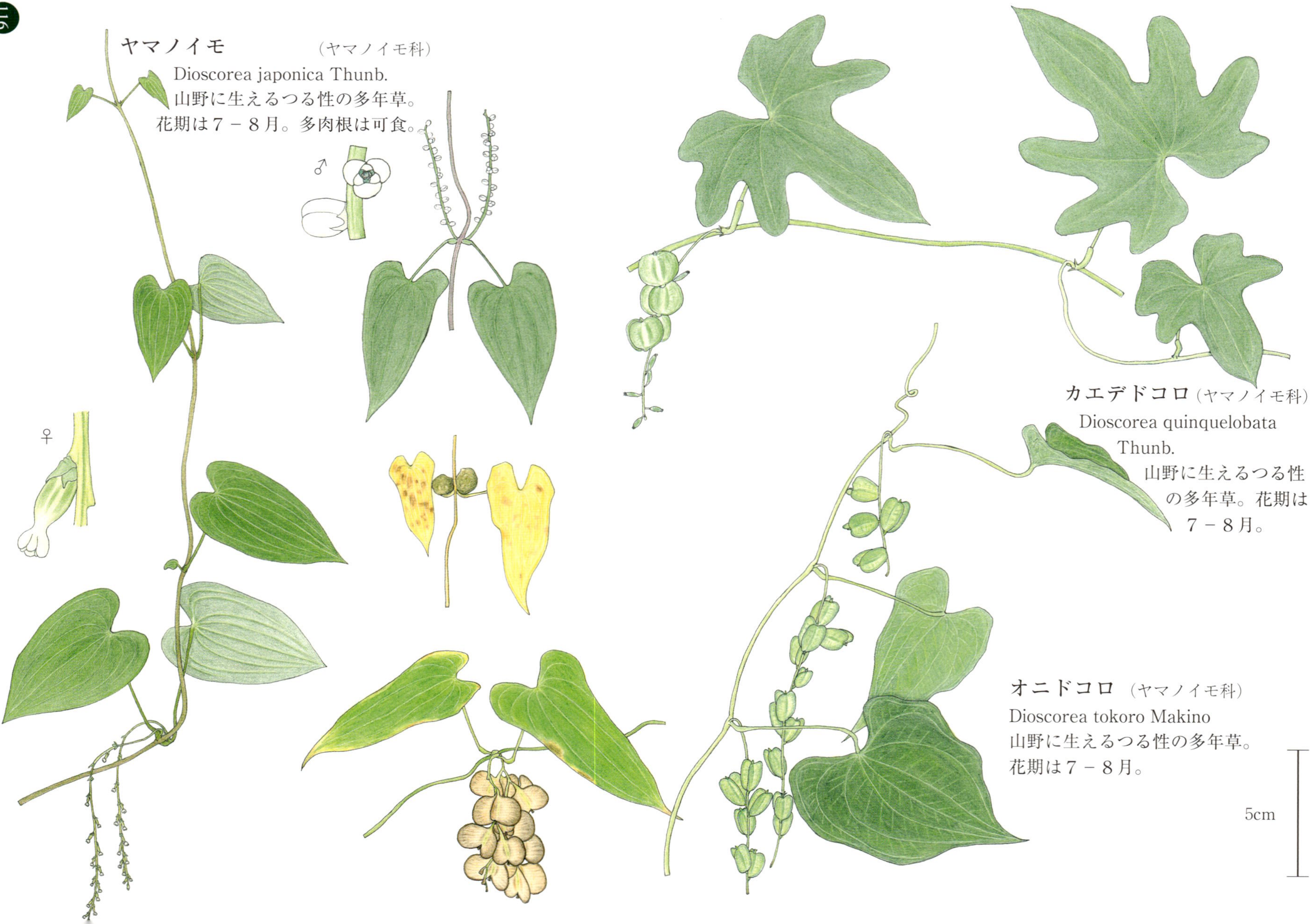

ヤマノイモ　（ヤマノイモ科）
Dioscorea japonica Thunb.
山野に生えるつる性の多年草。
花期は７－８月。多肉根は可食。

カエデドコロ（ヤマノイモ科）
Dioscorea quinquelobata Thunb.
山野に生えるつる性の多年草。花期は７－８月。

オニドコロ　（ヤマノイモ科）
Dioscorea tokoro Makino
山野に生えるつる性の多年草。
花期は７－８月。

ヒメドコロ　（ヤマノイモ科）

Dioscorea tenuipes Franch. et Sav.

山野に生えるつる性の多年草。花期は７－８月。

キクバドコロ　（ヤマノイモ科）

Dioscorea septemloba Thunb. var. septemloba

山野に生えるつる性の多年草。花期は６－７月。

ニガカシュウ　（ヤマノイモ科）

Dioscorea bulbifera L.

山野に生えるつる性の多年草。花期は８－９月。帰化植物。

キショウブ （アヤメ科）

Iris pseudacorus L.
水辺に生える多年草の帰化植物。花期は５－６月。

ニワゼキショウ

（アヤメ科）

Sisyrinchium rosulatum E.P.Bicknell
路傍、草地に生える多年草の帰化植物。花期は５－６月。

ヒメナベワリ

（ビャクブ科）

Croomia japonica Miq.
低山地林下に生える多年草。花期は４－５月。

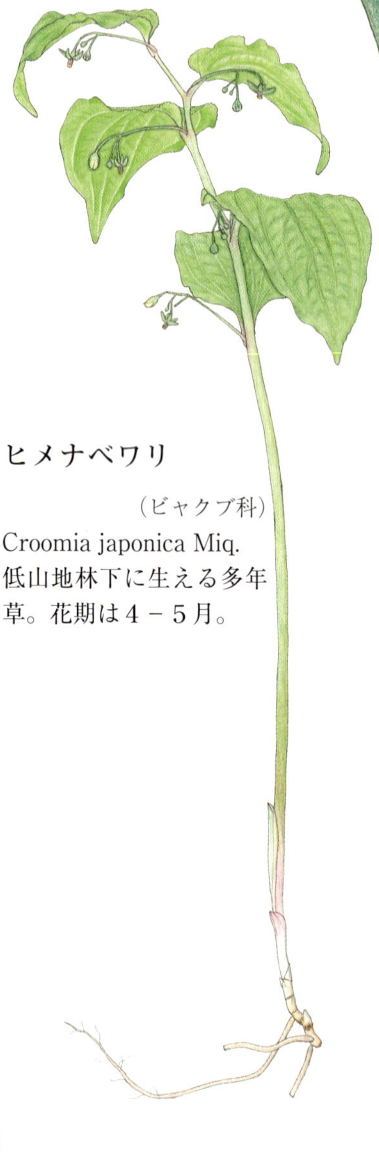

5cm

ミドリハカタカラクサ　　ツユクサ科）

Tradescantia fluminensis Vell.　‘Viridis’ (E)
wandering jew

低地の林縁、草地に普通の常緑多年草の帰化植物。花期は夏。

ヤブミョウガ　　（ツユクサ科）

Pollia japonica Thunb.

低地林下に生える多年草。花期は８－９月。

ハナミョウガ　　（ショウガ科）

Alpinia japonica (Thunb.) Miq.

低山地林下に生える多年草。花期は５－６月。果熟 10 月。

5cm

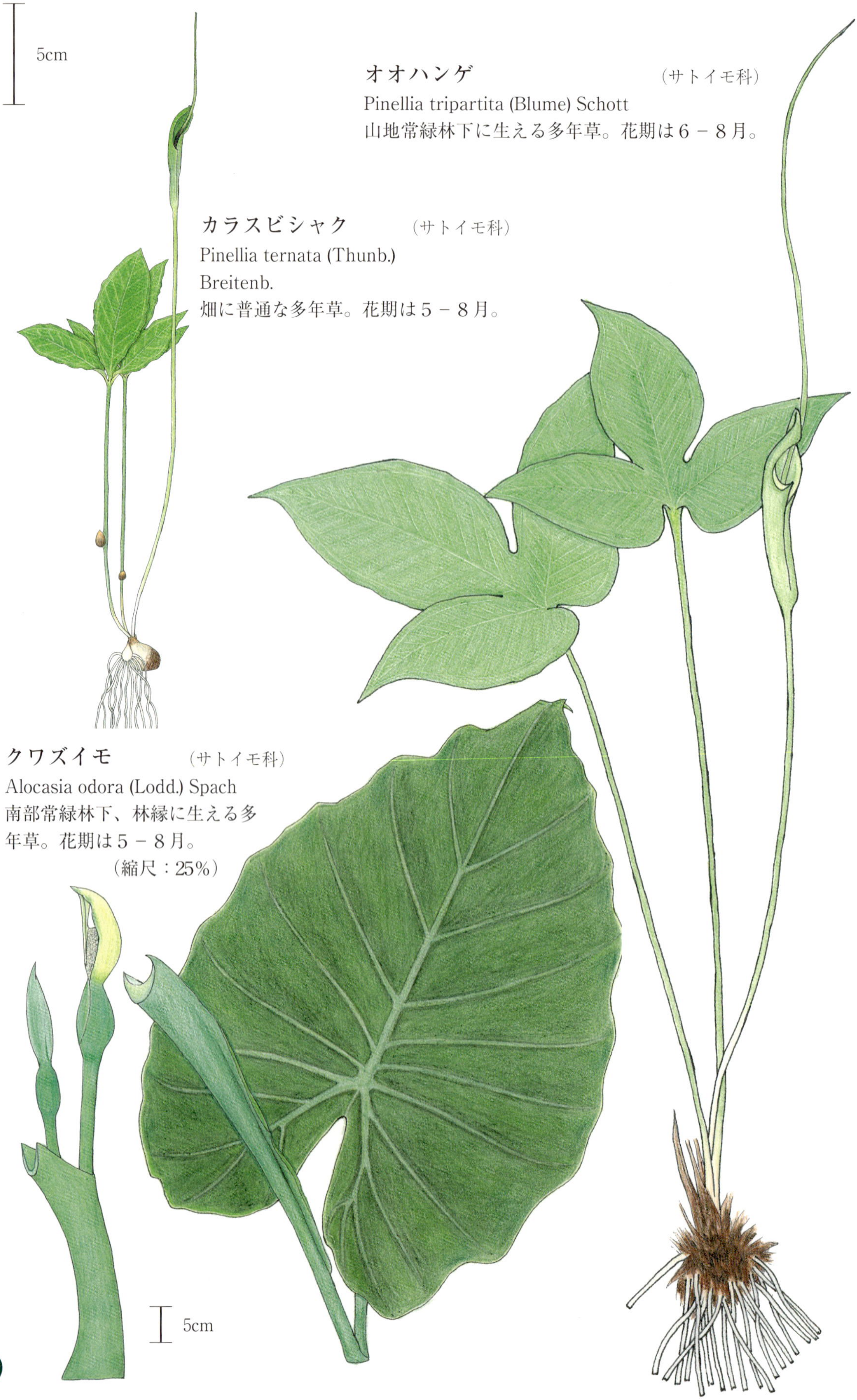

オオハンゲ　（サトイモ科）

Pinellia tripartita (Blume) Schott

山地常緑林下に生える多年草。花期は６－８月。

カラスビシャク　（サトイモ科）

Pinellia ternata (Thunb.) Breitenb.

畑に普通な多年草。花期は５－８月。

クワズイモ　（サトイモ科）

Alocasia odora (Lodd.) Spach

南部常緑林下、林縁に生える多年草。花期は５－８月。

（縮尺：25%）

コガマ　（ガマ科）

Typha orientalis C.Presl

池、沼に生える多年草。花期は６－８月。

オオミクリ　（ミクリ科）

Sparganium erectum L. var. macrocarpum (Makino) H.Hara

池、河岸などに生える。多年草。花期は７－９月。

ガマ　（ガマ科）

Typha latifolia L.

池、沼に生える多年草。花期は６－８月。

ヒメガマ　（ガマ科）

Typha domingensis Pers.

池、沼に生える多年草。花期は６－８月。

5cm

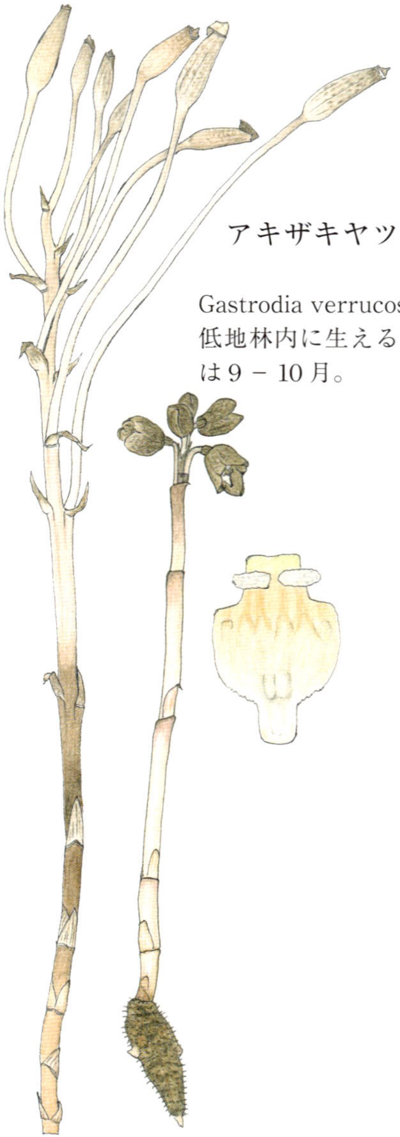

アキザキヤツシロラン

（ラン科）

Gastrodia verrucosa Blume
低地林内に生える１年草。花期は９－10月。

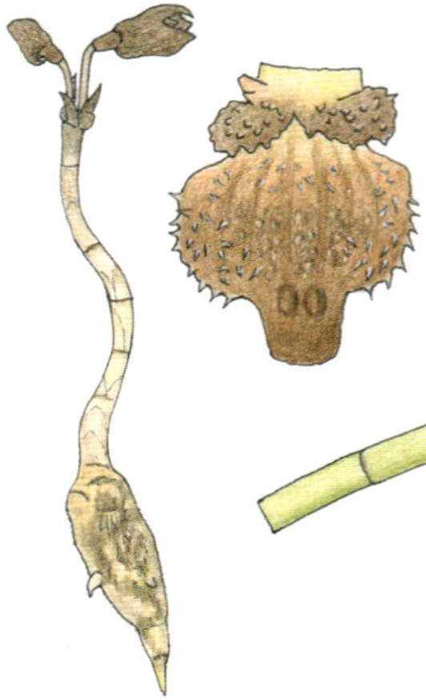

クロヤツシロラン

（ラン科）

Gastrodia pubilabiata Sawa
低地林内に生える１年草。
花期は８－10月。

ハチジョウシュスラン

（ラン科）

Goodyera hachijoensis Yatabe var. hachijoensis
低地常緑林下に生える多年草。
花期は９－10月。

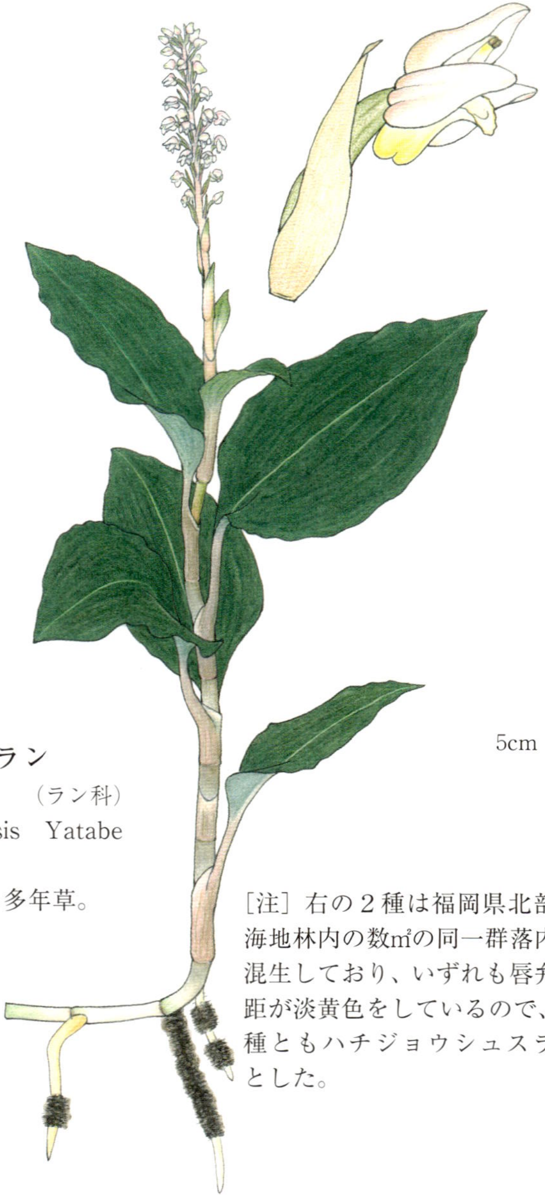

5cm

［注］右の２種は福岡県北部沿海地林内の数㎡の同一群落内に混生しており、いずれも唇弁の距が淡黄色をしているので、２種ともハチジョウシュスランとした。

クマガイソウ （ラン科）

Cypripedium japonicum Thunb. var. japonicum

山地林内に生える多年草。花期は4－5月。

ツレサギソウ （ラン科）

Platanthera japonica (Thunb.) Lindl.

やや湿った林縁、草地に生える多年草。花期は5－6月。

ハシナガヤマサギソウ （ラン科）

Platanthera mandarinorum Rchb.f. subsp. mandarinorum var. mandarinorum

陽向草原に生える多年草。花期は5－7月。

5cm

あとがき

1991年春、35年間務めた中学校を退職して以後、85歳の今日までの28年は、ほぼ植物図鑑作りに費やしてきた人生であった。1995年に最初の図鑑『九州の花図鑑』(海鳥社)を出したが、これは20年を過ぎた現在でも多くの方に利用していただいている。この図鑑は初心者向けに作ったもので、植物にあまり知識のない人でも利用しやすいように、分類を無視して植物を並べ、専門用語もほとんど使わずに作っていたため、いずれ本格的な植物図鑑を作ろうとは考えていた。

ところが1999年5月末、隣家の火災の類焼によって我が家が全焼し、全ての文献と多くの標本を焼失してしまい、植物の研究が続けられなくなってしまった。しかし、植物図鑑だったら出来るのではないかと考え、半分は仕方なく始めた図譜つくりであった。

ところがたった一人で、しかも全図原色の手書きで植物図を描くのは途方もない仕事であることが分かった。この状態では完成もおぼつかなく思えたので、海鳥社に相談し、植物図がある程度たまったところで順次出版していくことにした。こうして「九州の花・実図譜」の出版が始まったのである。

しかし、この二十数年の間には様々なことがあった。制作を初めて間もなく、私が大病し、一人息子が急逝した。そのショックからしばらくは立ち直れなかった。手に入りやすい植物から描いていたので、次第に植物が手に入りにくくなり、その上私の老齢化が加わって、ペースダウンをせざるを得なかった。初めは2年おきに出版できたのが、後半では4－5年もかかるようになってしまった。

この処、手が震えて細い線が引けなくなり、植物図も描きにくくなってきたので、ついに一冊の図鑑に纏める事は断念せざるを得ない事態に至った。期待されていた方には本当に申し訳なく思っている。

2014年にはこれら図鑑の制作が主な理由で、日本植物分類学会から学会賞をいただくことができた。このことから、自分の仕事が少しは認められたようで、この図鑑作りもまんざら無駄ではなかったのかなあと、今は自分を慰めているところである。

2018年8月

益村　聖

和名索引

ア行

アイナエ……80
アオガシ……26
アオカモメヅル……83
アオツヅラフジ……31
アオミズ……19
アカミノヤブガラシ……58
アキグミ……61
アキザキヤツシロラン……122
アケボノソウ……81
アサガラ……77
アゼオトギリ……32
アブラチャン……26
アマチャヅル……64
アマナ……112
アマミヒトツバハギ……48
アメリカアサガオ……86
アメリカキツネノボタン……27
アメリカハマグルマ……100
アリドオシ……85
アレチヌスビトハギ……43
イケマ……83
イソノキ……55
イソフジ……43
イソマツ……75
イヌカキネガラシ……36
イヌガシ……26
イヌタヌキモ……94
イヌブナ……16
イヌマキ……14
イノコヅチ……24
イロハモミジ……51
イワウメヅル……53
イワギク……101
イワニガナ……99
ウサギアオイ……60
ウシタキソウ……67
ウドカズラ……59
ウバタケニンジン……70
ウメバチソウ……38
ウラジロシモツケ……42
ウラジロチチコグサ……107
エゾオオバコ……95
エゾシロネ……89
エゾミソハギ……65
エノキグサ……47
エビヅル……57
エンシュウツリフネ……52
オオアリドオシ……85
オオカラスウリ……64
オオキンケイギク……100
オオクマヤナギ……56
オオサンショウソウ……18
オオヂシバリ……99
オオツルコウジ……74
オオニシキソウ……48
オオバアサガラ……77
オオバクサフジ……45
オオバコ……95
オオバチドメ……69
オオバメギ……31
オオバヤシャブシ……15
オオハンゲ……120
オオヒヨドリバナ……105
オオベニウツギ……97
オオミクリ……121
オオルリソウ……87
オカウコギ……68
オカヒジキ……23
オキナアサガオ……86
オキナワウラジロガシ……17
オキナワスズムシソウ……93
オケラ……107
オニドコロ……116
オモロカズラ……58
オランダフウロ……46

カ行

カエデドコロ……116
ガガブタ……83
カツラ……25
ガマ……121
カラクサガラシ……36
カラスウリ……63
カラスビシャク……120
カワゴケソウ……46
ガンクビソウ……103
カンザシギボウシ……111
ギーマ……73
キカシグサ……65
キカラスウリ……63
キガンピ……60
キクタニギク……101
キクバエビヅル……57
キクバドコロ……117
キショウブ……118
キセルアザミ……102
キッコウハグマ……106
キヅタ……68
キバナチゴユリ……112
キビノクロウメモドキ……57
ギョボク……33
キリシマヒゴタイ……102
ギンゴウカン……44
キンゴジカ……60
キンシバイ……33
クサアジサイ……37
クサタチバナ……84
クサレダマ……75
クスノキ……26
クヌギ……17
クマガイソウ……123
クマガワブドウ……58
クリ……17
クルマムグラ……84
クロイゲ……56
クロバイ……78
クロミノサワフタギ……77
クロヤツシロラン……122
クワクサ……18
クワズイモ……120
ケカラスウリ……64
ケハンショウヅル……30
ゲンカイツツジ……72
ケンポナシ……55

コウヤボウキ……108
コウヤマキ……14
コガマ……121
コカモメヅル……83
コギシギシ……20
コクサギ……50
コケオトギリ……32
コケリンドウ……82
コゴメウツギ……41
コシオガマ……91
コショウノキ……61
コシロネ……89
コシロノセンダングサ……104
コバギボウシ……111
コハクウンボク……76
コバノクロウメモドキ……54
コミネカエデ……51
コミヤマミズ……19
コメツブツメクサ……42
コメナモミ……110
コモウセンゴケ……32
コモチナデシコ……22
コヤブタバコ……104

サ行

サイコクイボタ……79
サギゴケ……92
サクラスミレ……62
サジガンクビソウ……103
サワギキョウ……98
サワフタギ……78
サワルリソウ……87
サンカクヅル……57
サンゴジュ……96
サンショウソウ……18
シオガマギク……91
シオジ……79
シコクシモツケソウ……40
シコクスミレ……62
シコクママコナ……92
シシアクチ……74
シチメンソウ……23
シナノガキ……76
シノノメソウ……81
シマキツネノボタン……27
シマコウヤボウキ……108
シマニシキソウ……48
シマフジバカマ……105
シマモクセイ……79
シモツケ……42
シモツケソウ……40
シャクチリソバ……21
ジャニンジン……35
ジュズネノキ……85
ショウベンノキ……54
シラゲヒメジソ……89
シラネセンキュウ……71
シラヒゲソウ……38
シロイヌナズナ……36
シロバナマンテマ……22
ジロボウエンゴサク……34
シロモジ……25
スズシロソウ……36
ズミ……39
センダングサ……104
センブリ……82
ソナレノギク……101

タ行

タイワンアサガオ……86
タカネハンショウヅル……30
タチネコノメソウ……38
タチバナ……50
タニタデ……67
タニワタリノキ……84
タマザキヤマビワソウ……94
タマミズキ……53
タムラソウ……102
タンゲブ……98
タンナサワフタギ……78
チドリノキ……51
チャボホトトギス……114
チョウセンノギク……101
チョウセンヤマニガナ……100
ツクシイヌツゲ……52
ツクシイワシャジン……98
ツクシカラマツ……29
ツクシクサボタン……28
ツクシコゴメグサ……92
ツクシコバノミツバツツジ……72
ツクシサイコ……71
ツクシシオガマ……91
ツクシトリカブト……28
ツクシフウロ……46
ツクシムレスズメ……44
ツクシメナモミ……110
ツクバネウツギ……96
ツタ……59
ツボクサ……69
ツボミオオバコ……95
ツルアリドオシ……84
ツルウメモドキ……53
ツルグミ……61
ツルマオ……19
ツレサギソウ……123
テリハツルウメモドキ……53
トウギボウシ……111
トキワハゼ……92
トリガタハンショウヅル……29

ナ行

ナガエコミカンソウ……48
ナガサキオトギリ……33
ナガバジュズネノキ……85
ナガバノコウヤボウキ……108
ナガバノスミレサイシン……62
ナガバノヤノネグサ……21
ナギ……14
ナズナ……35
ナツハゼ……73
ナツフジ……44
ナベナ……93
ニガカシュウ……117
ニガナ……99
ニワゼキショウ……118
ニワトコ……97
ヌマトラノオ……75
ネコノチチ……55
ネジキ……73
ノウルシ……47
ノグルミ……16
ノジアオイ……60
ノダケ……70
ノハラツメクサ……22
ノヒメユリ……115
ノブドウ……59

ハ行

ハイサバノオ……27
ハイヒカゲツツジ……72
ハガクレツリフネ……52
ハゴロモヒカゲミツバ……71
ハシナガヤマサギソウ……123
ハチジョウシュスラン……122

ハナミョウガ……119
ハマカンゾウ……113
ハマボウフウ……69
ハママツナ……23
ハラン……115
ハリエンジュ……43
ハルザキヤマガラシ……35
ハルトラノオ……21
ハルリンドウ……82
ヒカゲミツバ……71
ヒキヨモギ……91
ヒメウズ……27
ヒメエンゴサク……34
ヒメガマ……121
ヒメガンクビソウ……103
ヒメクマヤナギ……56
ヒメスイバ……20
ヒメドコロ……117
ヒメナエ……80
ヒメナベワリ……118
ヒメノダケ……70
ヒメバイカモ……29
ヒメハギ……50
ヒメバライチゴ……41
ヒメユズリハ……49
ヒメユリ……113
ヒメレンゲ……38
ヒヨドリジョウゴ……90
ヒレフリカラマツ……29
ヒロハヘビノボラズ……31
ヒロハマツナ……23
フクド……108
フサアカシヤ……43
フサザクラ……25
フデリンドウ……82
ブナ……16
ベニバナニシキウツギ……97
ヘラオオバコ……95
ホウライカズラ……80
ホザキキカシグサ……65
ホソバオグルマ……100
ホソバタブ……26
ホソバナコバイモ……112
ホソバハグマ……106
ボタンヅル……30
ホドイモ……45
ホトトギス……114

マ行

マキエハギ……45
マタデ……20
マツカゼソウ……49
マツバニンジン……46
マツムシソウ……93
マルバアメリカアサガオ……86
マルバウツギ……39
マルバサンキライ……112
マルバテイショウソウ……106
マルバノホロシ……90
マンテマ……22
ミズキンバイ……69
ミズタガラシ……37
ミズタマソウ……67
ミズトラノオ……88
ミズネコノオ……88
ミズヒマワリ……109
ミズメ……15
ミゾコウジュ……88
ミツバウツギ……54
ミツバビンボウヅル……58
ミドリハカタカラクサ……119
ミミカキグサ……94
ミヤマウグイスカグラ……96
ミヤマタニタデ……67
ミヤマハハソ……52
ムラサキサギゴケ……92
ムラサキセンブリ……81
メギ……31
メナモミ……110
メヒルギ……66
モミジウリノキ……66
モミジガサ……109
モミジカラスウリ……63
モミジコウモリ……109
モミジヒルガオ……86
モリアザミ……102

ヤ行

ヤエヤマセンニンソウ……30
ヤクシマコオトギリ……32
ヤクシマスミレ……62
ヤシャブシ……15
ヤツデ……68
ヤナギイノコヅチ……24
ヤナギタデ……20
ヤハズソウ……42
ヤハズハハコ……107
ヤブガラシ……58
ヤブカンゾウ……113
ヤブタバコ……104
ヤブツルアズキ……45
ヤブミョウガ……119
ヤマガキ……76
ヤマグルマ……24
ヤマジノホトトギス……114
ヤマゼリ……71
ヤマトグサ……65
ヤマノイモ……116
ヤマハゼ……50
ヤマハンノキ……15
ヤマヒハツ……47
ヤマヒヨドリバナ……105
ヤマブキ……39
ヤマボウシ……66
ヤマホトトギス……114
ヤマホロシ……90
ヤマミズ……18
ヤマユリ……115
ユウスゲ……113
ユキヤナギ……41
ユズリハ……49
ヨグソメネバリ……15

ラ行

リュウキュウカラスウリ……64
リュウキュウクロウメモドキ……56
リュウキュウシロスミレ……62
リュウキュウベンケイ……37
リュウキュウマメガキ……76
ルリハコベ……74
レイジンソウ……28

学名索引

A

Abelia spathulata
--spathulata ……96
Acacia dealbata ……43
Acalypha australis ……47
Acer carpinifolium ……51
Acer micranthum ……51
Acer palmatum ……51
Achyranthes bidentata
--japonica ……24
Achyranthes longifolia ……24
Aconitum×callianthum ……28
Aconitum loczyanum ……28
Adenophora hatsushimae ……98
Adina pilulifera ……84
Ainsliaea apiculata
--apiculata ……106
Ainsliaea faurieana ……106
Ainsliaea fragrans ……106
Alangium platanifolium
--platanifolium ……66
Alnus firma ……15
Alnus hirsuta
--sibirica ……15
Alnus sieboliana ……15
Alocasia odora ……120
Alpinia japonica ……119
Amana edulis ……112
Ampelopsis cantoniensis
--leeoides ……59
Ampelopsis glandulosa
--heterophylla ……59
Anagallis arvensis ……74
Anaphalis sinica
--sinica ……107
Ancistrocarya japonica ……87
Angelica cartilaginomarginata
--cartilaginomarginata ……70
Angelica decursiva ……70
Angelica polymorpha ……71
Angelica ubatakensis
--ubatakensis ……70
Antidesma japonicum ……47
Apios fortunei ……45
Arabidopsis thaliana ……36
Arabis flagellosa
--flagellosa ……36
Ardisia quinquegona ……74
Ardisia walkeri ……74
Artemisia fukudo ……108
Aspidistra elatior ……115
Aster hispidus
--insularis ……101
Atractylodes ovata ……107

B

Barbarea vulgaris ……35
Berberis amurensis ……31
Berberis thunbergii ……31
Berberis tschonoskyana ……31
Berchemia lineata ……56
Berchemia magna ……56
Betula grossa ……15
Bidens biternata
--biternata ……104
Bidens pilosa
--minor ……104
Bistorta tenuicaulis
--tenuicaulis ……21
Boenninghausenia albiflora
--japonica ……49
Bupleurum chinense ……71

C

Capsella bursa-pastoris
--triangularis ……35
Cardamine impatiens
--impatiens ……35
Cardamine lyrata ……37
Cardiandora alternifloria
--alternifolia ……37
Carpesium abrotanoides ……104
Carpesium cernuum ……104
Carpesium divaricatum
--divaricatum ……103
Carpesium glossophyllum ……103
Carpesium rosulatum ……103
Castanea crenata ……17
Cayratia japonica ……58
Cayratia yoshimurae ……58
Celastrus flagellaris ……53
Celastrus orbiculatus
--orbiculatus ……53
Celastrus punctatus ……53
Centella asiatica ……69
Cercidiphyllum japonicum ……25
Chrysanthemum seticuspe
---boreale ……101
Chrysanthemum zawadskii
-latilobum
--dissectum ……101
--latilobum ……101
Chrysosplenium tosaense ……38
Cinnamomum camphora ……26
Circaea alpina
-alpina ……67
Circaea cordata ……67
Circaea erubescens ……67
Circaea mollis ……67
Cirsium dipsacolepis
--dipsacolepis ……102
Cirsium sieboldii ……102
Citrus tachibana ……50
Cladopus doianus ……46
Clematis apiifolia
--apiifolia ……30
Clematis japonica
--villosula ……30
Clematis lasiandra …… 30
Clemstis stans
--austrojaponensis ……28
Clematis tashiroi ……30
Clematis tosaensis ……29
Cocculus trilobus ……31
Conyza lanceolata ……100

Cornus kousa
-kousa 66
Corydalis decumbens 34
Corydalis leariloba
--capillaris 34
Crateva formosensis 33
Croomia japonica 118
Cyclocodon lancifolius 98
Cynanchum caudatum
--caudatum 83
Cynoglossum furcatum
--villosulum 87
Cypripedium japonicum
--japonicum 123

D

Damnacanthus giganteus 85
Damnacanthus indicus
--indicus 85
--major 85
Damnacanthus macrophyllus 85
Daphne kiusiana 61
Daphniphyllum macropodum
-macropodum 49
Daphniphyllum teijsmannii
--teijsmannii 49
Desmodium paniculatum 43
Deutzia scabra
--scabra 39
Dichocarpum dicarpon
--decumbens 27
Dioscorea bulbifera 117
Dioscorea japonica 116
Dioscorea quinquelobata 116
Dioscorea septemloba
--septemloba 117
Dioscorea tenuipes 117
Dioscorea tokoro 116
Diospyros japonica 76
Diospyros kaki
--sylvestris 76
Diplomorpha trichotoma 60
Dipsacus japonicus 93
Disporum lutescens 112
Drosera spathulata 32

E

Elaeagnus glabra
--glabra 61
Elaeagnus umbellata
--umbellata 61
Eleutherococcus spinosus
--japonicus 68
Erodium cicutarium
--cicutarium 46
Eupatorium luchuense
--luchuense 105
Eupatorium makinoi
--oppositifolium 105
Eupatorium variabile 105
Euphorbia adenochlora 47
Euphorbia hirta
--hirta 48
Euphorbia nutans 48
Euphrasia multifolia
--multifolia 92
Euptelea polyandra 25

F

Fagopyrum dibotrys 21
Fagus crenata 16
Fagus japonica 16
Fatoua villosa 18
Fatsia japonica
--japonica 68
Filipendula multijuga
--multijuga 40
Filipendula tsuguwoi 40
Flueggea trigonoclada 48
Frangula crenata 55
Fraxinus platypoda 79
Fritillaria amabilis 112

G

Galium japonicum 84
Gamochaeta coarctata 107
Gardneria nutans 80
Gastrodia pubilabiata 122
Gastrodia verrucosa 122
Gentiana squarrosa 82
Gentiana thunbergii
--thunbergii 82
Gentiana zollingeri 82
Geranium soboliferum
--kiusianum 46
Glehnia littoralis 69
Goodyera hachijoensis
--hachijoensis 122
Gymnocoronis spilanthoides 109
Gynostemma pentaphyllum
--pentaphyllum 64

H

Hedera rhombea 68
Hemerocallis citrina
--vespertina 113
Hemerocallis fulva
--kwanso 113
--littorea 113
Hosta capitata 111
Hosta sieboldiana
--sieboldiana 111
Hosta sieboldii
--sieboldii
---spathulata 111
Hovenia dulcis 55
Hydrocotyle javanica 69
Hypericum kiusianum
--kiusianum 33
--yakusimense 32
Hypericum laxum 32
Hypericum oliganthum 32
Hypericum patulum 33

I

Ilex crenata
--fukasawana 52
Ilex micrococca 53
Impatiens hypophylla
--hypophylla 52
--microhypophylla 52
Inula linariifolia 100
Ipomoea cairica 86
Ipomoea hederacea
--hederacea 86
--integriuscula 86
Iris pseudacorus 118
Ixeridium dentatum
-dentatum 99
Ixeris japonica 99
Ixeris stolonifera
--stolonifera 99

J

Jacquemontia tamnifolia ··············86

K

Kalanchoe spathulata ·················37
Kandelia ovobata ····················66
Kerria japonica ·······················39
Kummerowia striata ·················42

L

Lepidium didymum ·················36
Lespedeza virgata ····················45
Leucaena leucocephala ··············44
Ligustrum ibota ························79
Lilium auratum
--auratum ·····························115
Lilium callosum
--callosum ·····························115
Lilium concolor
--partheneion ··························113
Limonium wrightii
--arbusculum ··························75
Lindera praecox
--praecox ······························26
Lindera triloba ························25
Linum stelleroides ····················46
Lobelia sessilifolia ····················98
Lonicera gracilipes
--glandulosa····························96
Ludwigia peploides
-stipulacea ·····························69
Lycopus cavaleriei ····················89
Lycopus uniflorus ····················89
Lyonia ovalifolia
--elliptica ·······························73
Lysimachia fortunei ·················75
Lysimachia vulgaris
-davurica ·······························75
Lythrum salicaria ····················65

M

Machilus japonica
--japonica ·····························26
Malus toringo
--toringo ·······························39
Malva palviflora ·······················60
Mazus miquelii ·······················92
Mazus pumilus ·······················92
Melampyrum laxum
--laxum ································92
Meliosma tenuis ·······················52
Melochia corchorifolia ··············60
Mitchella undulata ···················84
Mitrasacme indica ···················80
Mitrasacme pygmaea ················80
Mosla hirta ····························89

N

Nageia nagi ····························14
Neillia incisa
--incisa··································41
Neolitsea aciculata ····················26
Nymphoides indica ····················83

O

Orixa japonica·························50
Osmanthus insularis
--insularis ·····························79
Ostericum sieboldii····················71

P

Parasenecio delphiniifolius
--delphiniifolius······················109
Parasenecio kiusianus ··············109
Parnassia foliosa
--foiosa ································38
Parnassia palustris
--palustris ·····························38
Parthenocissus tricuspidata············59
Pediculadris refracta ·················91
Pediculalis resupinata
-oppositifolia
--oppositifolia ·························91
Pellionia minima·······················18
Pellionia radicans ····················18
Persicaria breviochreata ··············21
Persicaria hydropiper ················20
Pertya glabrescens ··················108
Pertya scandens·······················108
Pertya yakushimensis ···············108
Petrorhagia prolifera ·················22
Phtheirospermum japonicum ········91
Phyllanthus tenellus ·················48
Pilea japonica ·························18
Pilea notata ····························19
Pilea pumila ···························19
Pinellia ternata ·······················120
Pinellia tripartita ····················120
Plantago asiatica
--densiuscula ··························95
Plantago camtschatica·················95
Plantago lanceolata ····················95
Plantago virginica ····················95
Platanthera japonica ················123
Platanthera mandarinorum
-mandarinorum
--mandarinorum ·····················123
Platycarya storobilacea ··············16
Podocarpus macrophyllus ···········14
Pogostemon stellatus ················88
Pogostemon yatrabeanus ···········88
Pollia japonica ·······················119
Polygala japonica ····················50
Pouzolzia hirta ······················19
Pterocypsela raddeana ··············100
Pterostyrax corymbosa ··············77
Pterostyrax hispida ··················77

Q

Quercus acutissima ···················17
Quercus miyagii··· ····················17

R

Ranunculus kazusensis ··············29
Ranunculus septentrinalis
--pterocarpus ·························27
Ranunculus sieboldii ·················27
Rhamnella franguloides ··············55
Rhamnus japonica
--microphylla ·························54
Rhamnus liukiuensis ················56
Rhamnus yoshinoi··· ················57
Rhododendron keisukei
--ozawae ·······························72
Rhododendron mucronulatum
--ciliatum ·······························72
Rhododendron reticulatum
---glabrescens ·························72
Rhynchotechum discolor
--austrokiushiuense ··················94
Robinia pseudoacacia ················43
Rotala indica ·························65
Rotala rotundifolia ····················65

Rubus minusculus ····················41
Rumex acetosella ····················20
Rumex dentatus
-klotzschianus ························20

S

Sageretia thea
--thea ································56
Salsora komarovii ····················23
Salvia plebeia ························88
Sambucus racemosa
-sieboldiana
--sieboldiana ·························97
Saussurea scaposa ····················102
Scabiosa japonica
--japonica ···························93
Sciadopitys verticillata ··············14
Sedum subtile ························38
Semiaquilegia adoxoides ··············27
Serratula coronata
-insularis ···························102
Sida rhombifolia
-rhombifolia ·························60
Sigesbeckia glabrescens ··············110
Sigesbeckia orientalis ···············110
Sigesbeckia pubescens ················110
Silene gallica
--quinquevulnera ·····················22
--gallica ·····························22
Siphonostegia chinensis ··············91
Sisymbrium orientale ·················36
Sisyrinchium rosulatum ···············118
Smilax stans ·························112
Solanum japonense
--japonense ·························90
Solanum lyratum
--lyratum ····························90
Solanum maximowiczii ·················90
Sophora franchetiana ·················44
Sophora tomentosa ····················43
Sparganium erectum
--macrocarpum ························121
Sphagneticola trilobata ··············100
Spergula arvensis
--arvensis ···························22
Spiraea japonica
--japonica
---hypoglauca ························42
---japonica ··························42
Spiraea thunbergii ···················41
Spuriopimpinella koreana
---koreana ···························71
---dissecta ··························71
Staphylea bumalda ····················54
Strobilanthes tashiroi ···············93
Styrax shiraiana ······················76
Suaeda japonica ······················23
Suaeda malacosperma ··················23
Suaeda maritima
--maritima ···························23
Swertia bimaculata ···················81
Swertia japonica
--japonica ···························82
Swertia pseudochinensis ··············81
Swertia swertopsis ···················81
Symplocos coreana ····················78
Symplocos prunifolia
--prunifolia ·························78
Symplocos sawafutagi
--sawafutagi ·························78
Symplocos tanakana ···················77

T

Tetrastigma liukiuense ···············58
Thalictrum kiusianum ·················29
Thalictrum toyamae ···················29
Theligonum japonicum ·················65
Toxicodendron sylvestre ··············50
Tradescantia fluminensis ·············119
Trichosanthes cucumeroides ···········63
Trichosanthes kirilowii
--japonica ···························63
Trichosanthes laceribracteata ········64
Trichosanthes miyagii ················64
Trichosanthes multiloba ··············63
Trichosanthes ovigera
--ovigera ····························64
Tricyrtis affinis ·····················114
Tricyrtis hirta
--hirta ······························114
Tricyrtis macropoda
--macropoda ··························114
Tricyrtis nana ························114
Trifolium dubium ·····················42
Trochodendron aralioides ·············24
Turpinia ternata ·····················54
Tylophora floribunda ·················83
Typha domingensis ····················121
Typha latifolia ······················121
Typha orientalis ·····················121

U

Utricularia australis ················94
Utricularia bifida ···················94

V

Vaccinium oldhamii ···················73
Vaccinium wrightii ···················73
Viburnum odoratissimum
--awabuki ····························96
Vicia pseudo-orobus ··················45
Vigna angularis
--nipponensis ························45
Vincetoxicum acuminatum ··············84
Vincetoxicum ambiguum ················83
Viola betonicifolia
--oblongosagittata ···················62
Viola bissetii
--bissetii ···························62
Viola hirtipes ·······················62
Viola iwagawae ·······················62
Viola shikokiana ·····················62
Vitis ficifolia
--ficifolia
---ficifolia ·························57
---sinuata ···························57
Vitis flexuosa
--flexuosa ···························57
Vitis romanetii ······················58

W

Weigela decora
--decora ·····························97
Weigela florida ······················97
Wisteria japonica ····················44

総　目　次

マツ科（新：マツ科・イヌガヤ科）
モミ……………………Ⅲ：12
イヌガヤ……………………Ⅲ：13
ハイイヌガヤ……………………Ⅲ：13
ツガ……………………Ⅲ：12

スギ科
コウヤマキ……………………Ⅵ：14

ヒノキ科
ヒノキ……………………Ⅳ：12
ミヤマビャクシン……………………Ⅴ：12
ネズ……………………Ⅳ：12
アスナロ……………………Ⅴ：12

マキ科
イヌマキ……………………Ⅵ：14
ナギ……………………Ⅵ：14

イヌガヤ科
イヌガヤ……………………Ⅲ：13

イチイ科
カヤ……………………Ⅲ：13

ヤマモモ科
ヤマモモ……………………Ⅰ：86

クルミ科
ノグルミ……………………Ⅵ：16

カバノキ科
ヤマハンノキ……………………Ⅵ：15
ヤシャブシ……………………Ⅵ：15
オオバヤシャブシ……………………Ⅵ：15
ミズメ……………………Ⅵ：15
クマシデ……………………Ⅴ：13
アカシデ……………………Ⅴ：13
イワシデ……………………Ⅴ：13

ブナ科
ツブラジイ……………………Ⅲ：46
スダジイ……………………Ⅲ：46
マテバジイ……………………Ⅲ：47
シリブカガシ……………………Ⅲ：47
アカガシ……………………Ⅱ：56
カシワ……………………Ⅴ：14
イチイガシ……………………Ⅱ：57
アマミアラカシ……………………Ⅱ：59
アラカシ……………………Ⅱ：58
シラカシ……………………Ⅱ：58
ウラジロガシ……………………Ⅱ：57
ツクバネガシ……………………Ⅱ：56
オキナワウラジロガシ……Ⅵ：17
クリ……………………Ⅵ：17
コナラ……………………Ⅴ：14
クヌギ……………………Ⅵ：17
ブナ……………………Ⅵ：16
イヌブナ……………………Ⅵ：16

ニレ科（新：ニレ科・アサ科）
ムクノキ……………………Ⅲ：48
コバノチョウセンエノキ…Ⅲ：49
クワノハエノキ……………………Ⅲ：50
エゾエノキ……………………Ⅲ：50
エノキ……………………Ⅲ：49
キリエノキ……………………Ⅲ：51
ウラジロエノキ……………………Ⅲ：51

クワ科
ツルコウゾ……………………Ⅰ：89
ヒメコウゾ……………………Ⅰ：88
イヌビワ……………………Ⅴ：15
ガジュマル……………………Ⅱ：60
イタビカズラ……………………Ⅴ：15
オオイタビ……………………Ⅳ：52
アコウ……………………Ⅱ：60
ヒメイタビ……………………Ⅳ：52
カカツガユ……………………Ⅳ：52
ヤマグワ……………………Ⅰ：88
クワクサ……………………Ⅵ：18

イラクサ科
タイワントリアシ……………………Ⅴ：17
ナガバヤブマオ……………………Ⅴ：17
ヤナギイチゴ……………………Ⅰ：89
チョクザキミズ……………………Ⅴ：16
トウカテンソウ……………………Ⅴ：16
ツルマオ……………………Ⅵ：19
タチゲヒカゲミズ……………………Ⅴ：16
ヤマミズ……………………Ⅵ：18
コミヤマミズ……………………Ⅵ：19
アオミズ……………………Ⅵ：19
シマミズ……………………Ⅴ：16
コケミズ……………………Ⅴ：16
オオサンショウソウ……………………Ⅵ：18
サンショウソウ……………………Ⅵ：18

ヤマモガシ科
ヤマモガシ……………………Ⅰ：90

ボロボロノキ科
ボロボロノキ……………………Ⅲ：52

ビャクダン科
ツクバネ……………………Ⅴ：21

ヤドリギ科
（新：オオバヤドリギ科・ビャクダン科）
ヒノキバヤドリギ……………………Ⅱ：61
オオバヤドリギ……………………Ⅱ：61
ヤドリギ……………………Ⅴ：21

ツチトリモチ科
ツチトリモチ……………………Ⅰ：91
キイレツチトリモチ……………………Ⅰ：91

タデ科
イブキトラノオ……………………Ⅴ：23
クリンユキフデ……………………Ⅴ：23
ヒメツルソバ……………………Ⅱ：62
ツルソバ……………………Ⅱ：62
シャクチリソバ……………………Ⅵ：21
ミズヒキ……………………Ⅴ：25
オオサクラタデ……………………Ⅲ：53
シロバナサクラタデ……………………Ⅲ：54
イヌタデ……………………Ⅰ：93
ヤナギタデ……………………Ⅵ：20
サクラタデ……………………Ⅲ：54
オオケタデ……………………Ⅱ：64
ハルトラノオ……………………Ⅵ：21
イシミカワ……………………Ⅴ：22
ハナタデ……………………Ⅴ：24
ホソバノウナギツカミ……Ⅴ：22
ボントクタデ……………………Ⅰ：93
ママコノシリヌグイ……………………Ⅴ：22
ヌカボタデ……………………Ⅴ：24
シマヒメタデ……………………Ⅴ：24
ニオイタデ……………………Ⅱ：63
ナガバノヤノネグサ……………………Ⅵ：21
ミチヤナギ……………………Ⅴ：23
スイバ……………………Ⅰ：92
ヒメスイバ……………………Ⅵ：20
ギシギシ……………………Ⅰ：92
コギシギシ……………………Ⅵ：20
マダイオウ……………………Ⅴ：25

ヤマゴボウ科
ヤマゴボウ……………………Ⅴ：28
アメリカヤマゴボウ……………………Ⅴ：27
マルミノヤマゴボウ……………………Ⅴ：28

オシロイバナ科
オシロイバナ……………………Ⅴ：27

ツルナ科

ミルスベリヒユ……………Ⅰ：94
ツルナ………………………Ⅰ：94

スベリヒユ科

オキナワマツバボタン……Ⅲ：56
スベリヒユ…………………Ⅲ：55
ヒメマツバボタン…………Ⅲ：56

ナデシコ科

オオヤマフスマ……………Ⅲ：57
ノミノツヅリ………………Ⅳ：58
オオバナミミナグサ………Ⅳ：57
ミミナグサ　………………Ⅳ：57
オランダミミナグサ………Ⅳ：57
ハマナデシコ………………Ⅰ：95
ヒメハマナデシコ…………Ⅰ：95
カワラナデシコ……………Ⅱ：65
コモチナデシコ……………Ⅵ：22
マンテマ……………………Ⅵ：22
シロバナマンテマ…………Ⅵ：22
ナンバンハコベ……………Ⅳ：56
フシグロ……………………Ⅲ：58
ケフシグロ…………………Ⅲ：58
ヒメケフシグロ……………Ⅲ：58
オグラセンノウ……………Ⅱ：65
ヤンバルハコベ……………Ⅳ：57
ワチガイソウ………………Ⅲ：57
ワダソウ……………………Ⅲ：57
タチハコベ…………………Ⅳ：56
ツメクサ……………………Ⅳ：58
ハマツメクサ………………Ⅳ：58
ノハラツメクサ……………Ⅵ：22
フシグロセンノウ…………Ⅳ：53
マツモトセンノウ…………Ⅳ：53
ノミノフスマ………………Ⅳ：58
ウシハコベ…………………Ⅳ：55
サワハコベ…………………Ⅳ：54
ハコベ………………………Ⅳ：55
オオヤマハコベ……………Ⅳ：54
ミドリハコベ………………Ⅳ：55
ミヤマハコベ………………Ⅳ：54
アオハコベ…………………Ⅳ：56

アカザ科

ホソバノハマアカザ………Ⅴ：26
アカザ………………………Ⅴ：26
ヒロハマツナ………………Ⅵ：23
ハママツナ…………………Ⅵ：23
シチメンソウ………………Ⅵ：23
オカヒジキ…………………Ⅵ：23

ヒユ科

イノコヅチ…………………Ⅵ：24
ヤナギイノコヅチ…………Ⅵ：24

モクレン科

オガタマノキ………………Ⅴ：31
コブシ………………………Ⅳ：60
ホオノキ……………………Ⅳ：59
タムシバ……………………Ⅳ：60
オオヤマレンゲ……………Ⅳ：59

マツブサ科

サネカズラ…………………Ⅴ：31

シキミ科

シキミ………………………Ⅱ：66

クスノキ科

クスノキ……………………Ⅵ：26
ヤブニッケイ………………Ⅱ：69
ホソバタブ…………………Ⅵ：26
テンダイウヤク……………Ⅴ：30
カナクギノキ………………Ⅱ：68
ヤマコウバシ………………Ⅱ：69
ケクロモジ…………………Ⅴ：30
シロモジ……………………Ⅵ：25
ハマビワ……………………Ⅱ：67
シロダモ……………………Ⅱ：68
イヌガシ……………………Ⅵ：26
アブラチャン………………Ⅵ：26

ヤマグルマ科

ヤマグルマ…………………Ⅵ：24

フサザクラ科

フサザクラ…………………Ⅵ：25

カツラ科

カツラ………………………Ⅵ：25

キンポウゲ科

ハナカズラ…………………Ⅰ：61
サンインヤマトリカブト…Ⅰ：61
ツクシトリカト……………Ⅵ：28
レイジンソウ………………Ⅵ：28
ミチノクフクジュソウ……Ⅴ：38
シコクフクジュソウ………Ⅴ：38
ニリンソウ…………………Ⅲ：59
シュウメイギク……………Ⅴ：32
イチリンソウ………………Ⅲ：59
ユキワリイチゲ……………Ⅱ：72
アズマイチゲ………………Ⅱ：72
ヒメバイカモ………………Ⅵ：29
リュウキンカ………………Ⅳ：61
ヒメウズ……………………Ⅵ：27
オオバショウマ……………Ⅲ：60
サラシナショウマ…………Ⅲ：60
トリガタハンショウヅル…Ⅵ：29
タカネハンショウヅル……Ⅵ：30
ケハンショウヅル…………Ⅵ：30
ボタンヅル…………………Ⅵ：30
ヤエヤマセンニンソウ……Ⅵ：30
ツクシクサボタン…………Ⅵ：28
カザグルマ…………………Ⅴ：32
シロバナハンショウヅル…Ⅱ：70
セリバオウレン……………Ⅴ：33
サバノオ……………………Ⅱ：71
トウゴクサバノオ…………Ⅱ：71
ハイサバノオ………………Ⅵ：27
ミスミソウ…………………Ⅴ：33
オキナグサ…………………Ⅳ：61
ケキツネノボタン…………Ⅴ：35
ウマノアシガタ……………Ⅴ：36
トゲミノキツネノボタン…Ⅴ：37
イボミキンポウゲ…………Ⅴ：37
タガラシ……………………Ⅴ：36
キツネノボタン……………Ⅴ：35
シマキツネノボタン………Ⅵ：27
アメリカキツネノボタン…Ⅵ：27
シギンカラマツ……………Ⅴ：34
ノカラマツ…………………Ⅴ：34
ツクシカラマツ……………Ⅵ：29
ヒレフリカラマツ…………Ⅵ：29

メギ科

メギ…………………………Ⅵ：31
オオバメギ…………………Ⅵ：31
ヒロハヘビノボラズ………Ⅵ：31
ルイヨウボタン……………Ⅲ：61
バイカイカリソウ…………Ⅴ：39
ヤチマタイカリソウ………Ⅴ：39

アケビ科

アケビ………………………Ⅳ：62
ミツバアケビ………………Ⅴ：29
ムベ…………………………Ⅳ：62

ツヅラフジ科

アオツヅラフジ……………Ⅵ：31
イソヤマアオキ……………Ⅱ：73
ハスノハカズラ……………Ⅴ：40

スイレン科
（新：ジュンサイ科・スイレン科）

ジュンサイ…………………Ⅱ：75
コウホネ……………………Ⅴ：29
オグラコウホネ……………Ⅴ：29
ヒツジグサ…………………Ⅱ：74

ドクダミ科

ドクダミ……………………Ⅰ：87
ハンゲショウ………………Ⅰ：87

コショウ科

サダソウ……………………Ⅲ：62
フウトウカズラ……………Ⅲ：62

センリョウ科

キビヒトリシズカ…………Ⅰ：64
ヒトリシズカ………………Ⅰ：64
フタリシズカ………………Ⅰ：65

センリョウ……Ⅱ：76

ウマノスズクサ科

ウマノスズクサ……Ⅴ：18
オオバウマノスズクサ……Ⅴ：18
アリマウマノスズクサ……Ⅴ：18
フタバアオイ……Ⅳ：64
ハツシマカンアオイ……Ⅴ：19
クワイバカンアオイ……Ⅴ：20
オナガカンアオイ……Ⅳ：63
アソサイシン……Ⅳ：64
トカラカンアオイ……Ⅳ：65
サンコカンアオイ……Ⅴ：20
ヤクシマアオイ……Ⅴ：19

ボタン科

ヤマシャクヤク……Ⅱ：77
ベニバナヤマシャクヤク…Ⅴ：40

マタタビ科

サルナシ……Ⅴ：41
マタタビ……Ⅴ：41

ツバキ科（新：ツバキ科・サカキ科）

ヤブツバキ……Ⅱ：78
ヤクシマツバキ……Ⅱ：78
サザンカ……Ⅱ：79
チャ……Ⅴ：42
サカキ……Ⅴ：42
ヒサカキ……Ⅴ：42
ヒメツバキ……Ⅱ：80
ヒメシャラ……Ⅴ：43
ナツツバキ……Ⅴ：43
ヒコサンヒメシャラ……Ⅴ：43

オトギリソウ科

オオトモエソウ……Ⅴ：79
オトギリソウ……Ⅲ：63
ナガサキオトギリ……Ⅵ：33
キンシバイ……Ⅵ：33
ツキヌキオトギリ……Ⅲ：63
ヤクシマコオトギリ……Ⅵ：32
コケオトギリ……Ⅵ：32
アゼオトギリ……Ⅵ：32
ミズオトギリ……Ⅴ：79

モウセンゴケ科

コモウセンゴケ……Ⅵ：32

フウチョウソウ科

ギョボク……Ⅵ：33

ケシ科

クサノオウ……Ⅴ：44
シマキケマン……Ⅴ：46
ツクシキケマン……Ⅳ：66
キケマン……Ⅳ：66
ムラサキケマン……Ⅴ：45
フウロケマン……Ⅴ：45
ホザキキケマン……Ⅴ：46
ナガミノツルケマン……Ⅴ：44
ジロボウエンゴサク……Ⅵ：34
ヒメエンゴサク……Ⅵ：34
ヤマブキソウ……Ⅰ：62
ナガミヒナゲシ……Ⅰ：63
アツミゲシ……Ⅰ：63

アブラナ科

ヤマハタザオ……Ⅱ：81
シコクハタザオ……Ⅱ：82
ハマハタザオ……Ⅱ：81
カラシナ……Ⅰ：68
セイヨウアブラナ……Ⅰ：68
ハルザキヤマガラシ……Ⅵ：35
ジャニンジン……Ⅵ：35
ナズナ……Ⅵ：35
シロイヌナズナ……Ⅵ：36
イヌカキネガラシ……Ⅵ：36
カラクサガラシ……Ⅵ：36
ミツバコンロンソウ……Ⅴ：47
コンロンソウ……Ⅴ：47
スズシロソウ……Ⅵ：36
オオバタネツケバナ……Ⅴ：48
タネツケバナ……Ⅴ：48
マルバコンロンソウ……Ⅴ：47
ミズタガラシ……Ⅵ：37
アイヌワサビ……Ⅴ：48
ワサビ……Ⅳ：67
ユリワサビ……Ⅳ：67
ハタザオ……Ⅱ：81

マンサク科

キリシマミズキ……Ⅲ：65
ヒゴミズキ……Ⅲ：64
イスノキ……Ⅲ：66
マンサク……Ⅴ：58
トキワマンサク……Ⅴ：58

ベンケイソウ科

ミツバベンケイソウ……Ⅱ：84
アオベンケイ……Ⅱ：83
リュウキュウベンケイ……Ⅵ：37
チャボツメレンゲ……Ⅳ：68
ツメレンゲ……Ⅰ：66
イワレンゲ……Ⅰ：67
ゲンカイイワレンゲ……Ⅰ：67
キリンソウ……Ⅱ：83
コモチマンネングサ……Ⅳ：69
ハママンネングサ……Ⅲ：68
タイトゴメ……Ⅳ：68
ヒメレンゲ……Ⅵ：38
マルバマンネングサ……Ⅲ：67
メキシコマンネングサ……Ⅳ：69
ウンゼンマンネングサ……Ⅳ：69
ツルマンネングサ……Ⅳ：68
サツママンネングサ……Ⅲ：67
タカネマンネングサ……Ⅲ：68

ユキノシタ科
（新：ユキノシタ科・スグリ科・アジサイ科・タコノアシ科）

アワモリショウマ……Ⅴ：50
チダケサシ……Ⅰ：74
キレバチダケサシ……Ⅰ：74
テリハアカショウマ……Ⅴ：49
ツクシアカショウマ……Ⅴ：50
アカショウマ……Ⅴ：49
コガネネコノメソウ……Ⅱ：85
ツクシネコノメソウ……Ⅱ：85
タチネコノメソウ……Ⅵ：38
チャルメルソウ……Ⅴ：55
オオチャルメルソウ……Ⅴ：55
ツクシチャルメルソウ……Ⅴ：56
コチャルメルソウ……Ⅴ：56
シコクチャルメルソウ……Ⅴ：57
トサチャルメルソウ……Ⅴ：57
ウメバチソウ……Ⅵ：38
シラヒゲソウ……Ⅵ：38
ワタナベソウ……Ⅰ：73
ダイモンジソウ……Ⅴ：54
ウチワダイモンジソウ……Ⅴ：54
ナメラダイモンジソウ……Ⅴ：54
センダイソウ……Ⅱ：87
ユキノシタ……Ⅱ：86
ヤブサンザシ……Ⅲ：69
ザリコミ……Ⅲ：69
ギンバイソウ……Ⅴ：53
ウツギ……Ⅰ：70
コウツギ……Ⅰ：70
ヒメウツギ……Ⅰ：71
マルバウツギ……Ⅵ：39
ツクシウツギ……Ⅰ：71
ブンゴウツギ……Ⅰ：71
ヤクシマアジサイ……Ⅴ：51
トカラアジサイ……Ⅳ：70
コガクウツギ……Ⅰ：72
ノリウツギ……Ⅳ：70
ガクウツギ……Ⅰ：72
ヤマアジサイ……Ⅴ：51
クサアジサイ……Ⅵ：37
キレンゲショウマ……Ⅰ：75
バイカウツギ……Ⅴ：52
バイカアマチャ……Ⅰ：69
イワガラミ……Ⅴ：52
タコノアシ……Ⅴ：53

トベラ科

トベラ…………Ⅲ：70

バラ科

アズキナシ…………Ⅰ：79
ウラジロノキ…………Ⅳ：74
ヤマブキ…………Ⅵ：39
ヤマブキショウマ…………Ⅴ：59
マメザクラ…………Ⅳ：76
ツクシヤマザクラ…………Ⅱ：89
ヤマザクラ…………Ⅱ：88
カスミザクラ…………Ⅴ：61
ミヤマザクラ…………Ⅰ：79
エドヒガン…………Ⅳ：76
ズミ…………Ⅵ：39
クサボケ…………Ⅱ：90
リンボク…………Ⅴ：65
バクチノキ…………Ⅲ：76
テンノウメ…………Ⅳ：72
イヌザクラ…………Ⅴ：61
ウワミズザクラ…………Ⅴ：61
イワキンバイ…………Ⅲ：75
オヘビイチゴ…………Ⅴ：60
カワラサイコ…………Ⅲ：72
ミツモトソウ…………Ⅴ：59
ツチグリ…………Ⅲ：73
キジムシロ…………Ⅲ：74
ミツバツチグリ…………Ⅲ：75
ヘビイチゴ…………Ⅲ：71
ヤブヘビイチゴ…………Ⅲ：71
シモツケソウ…………Ⅵ：40
シコクシモツケソウ…………Ⅵ：40
ツルキジムシロ…………Ⅴ：60
カマツカ…………Ⅳ：74
シャリンバイ…………Ⅲ：77
ナニワイバラ…………Ⅳ：72
テリハノイバラ…………Ⅰ：77
ツクシイバラ…………Ⅰ：78
ノイバラ…………Ⅰ：78
モリイバラ…………Ⅰ：77
ヤブイバラ…………Ⅰ：76
ミヤコイバラ…………Ⅰ：76
フユイチゴ…………Ⅴ：62
ミヤマフユイチゴ…………Ⅴ：64
クサイチゴ…………Ⅴ：63
バライチゴ…………Ⅳ：75
ヒメバライチゴ…………Ⅵ：41
シマバライチゴ…………Ⅳ：73
ニガイチゴ…………Ⅴ：64
エビガライチゴ…………Ⅴ：63
オオバライチゴ…………Ⅳ：75
ハマキイチゴ…………Ⅳ：73
ハチジョウイチゴ…………Ⅰ：80
ホウロクイチゴ…………Ⅴ：62
カジイチゴ…………Ⅰ：80
ワレモコウ…………Ⅱ：91
ナガボノワレモコウ…………Ⅱ：92
ナンキンナナカマド…………Ⅴ：65
ユキヤナギ…………Ⅵ：41
コゴメウツギ…………Ⅵ：41
コゴメイワガサ…………Ⅳ：71
シモツケ…………Ⅵ：42
ウラジロシモツケ…………Ⅵ：42
イブキシモツケ…………Ⅳ：71

マメ科

ネムノキ…………Ⅴ：66
オオバネムノキ…………Ⅴ：66
ギンゴウカン…………Ⅵ：44
ヤブマメ…………Ⅱ：94
ハマナタマメ…………Ⅰ：84
フジキ…………Ⅲ：78
ユクノキ…………Ⅲ：79
ヒメノハギ…………Ⅰ：81
タヌキマメ…………Ⅱ：97
イソフジ…………Ⅵ：43
シバハギ…………Ⅰ：81
ノササゲ…………Ⅲ：82
ノアズキ…………Ⅴ：68
ミヤマトベラ…………Ⅰ：82
ツルマメ…………Ⅱ：95
ヤブツルアズキ…………Ⅵ：45
オオバヌスビトハギ…………Ⅴ：67
アレチヌスビトハギ…………Ⅵ：43
ニワフジ…………Ⅲ：83
コマツナギ…………Ⅳ：80
ヤハズソウ…………Ⅵ：42
コメツブツメクサ…………Ⅵ：42
イタチササゲ…………Ⅲ：81
ハマエンドウ…………Ⅳ：77
ヒロハノレンリソウ…………Ⅴ：71
レンリソウ…………Ⅴ：71
キハギ…………Ⅴ：69
メドハギ…………Ⅳ：80
サツマハギ…………Ⅴ：69
マキエハギ…………Ⅵ：45
ミヤコグサ…………Ⅰ：83
シロバナミヤコグサ…………Ⅰ：83
ツクシムレスズメ…………Ⅵ：44
イヌエンジュ…………Ⅴ：70
シマエンジュ…………Ⅴ：70
アイラトビカズラ…………Ⅱ：93
ミソナオシ…………Ⅴ：67
クズ…………Ⅳ：77
オオバタンキリマメ…………Ⅳ：79
タンキリマメ…………Ⅳ：79
ホドイモ…………Ⅵ：45
シバネム…………Ⅰ：81
クララ…………Ⅲ：80
クソエンドウ…………Ⅲ：81
ムラサキツメクサ…………Ⅴ：72
シロツメクサ…………Ⅴ：72
オオバクサフジ…………Ⅵ：45
ヨツバハギ…………Ⅱ：97
ナンテンハギ…………Ⅱ：96
アカササゲ…………Ⅴ：68
フサアカシヤ…………Ⅵ：43
ハリエンジュ…………Ⅵ：43
ヤマフジ…………Ⅳ：78
フジ…………Ⅳ：78
ナツフジ…………Ⅵ：44

カタバミ科

コミヤマカタバミ…………Ⅴ：74
イモカタバミ…………Ⅱ：98
カタバミ…………Ⅴ：74
ムラサキカタバミ…………Ⅱ：98
オッタチカタバミ…………Ⅴ：75
オオヤマカタバミ…………Ⅴ：74
オオキバナカタバミ…………Ⅴ：75

フウロソウ科

アメリカフウロ…………Ⅴ：73
タチフウロ…………Ⅳ：81
ヒメフウロ…………Ⅴ：73
シコクフウロ…………Ⅳ：82
［注］ツクシフウロを訂正
ツクシフウロ…………Ⅵ：46
ゲンノショウコ…………Ⅳ：81
コフウロ…………Ⅳ：82
オランダフウロ…………Ⅵ：46

カワゴケソウ科

カワゴケソウ…………Ⅵ：46

アマ科

マツバニンジン…………Ⅵ：46

トウダイグサ科
(新：トウダイグサ科・ミカンソウ科)

エノキグサ…………Ⅵ：47
トウダイグサ…………Ⅳ：83
ノウルシ…………Ⅵ：47
コニシキソウ…………Ⅳ：84
タカトウダイ…………Ⅳ：83
［注］アソタイゲキを訂正
ハイニシキソウ…………Ⅳ：84
シマニシキソウ…………Ⅵ：48
オオニシキソウ…………Ⅵ：48
ナツトウダイ…………Ⅳ：83

カンコノキ……Ⅲ：86
カキバカンコノキ……Ⅲ：86
コミカンソウ……Ⅱ：99
ヒメミカンソウ……Ⅱ：99
ナガエコミカンソウ……Ⅵ：48
ヤマヒハツ……Ⅵ：47
アマミヒトツバハギ……Ⅵ：48

ユズリハ科

ヒメユズリハ……Ⅵ：49
ユズリハ……Ⅵ：49

ミカン科

マツカゼソウ……Ⅵ：49
タチバナ……Ⅵ：50
ゲッキツ……Ⅲ：84
キハダ……Ⅳ：85
コクサギ……Ⅵ：50
ツルシキミ……Ⅱ：100
ハマセンダン……Ⅳ：85
カラスザンショウ……Ⅳ：88
アマミザンショウ……Ⅳ：86
フユザンショウ……Ⅳ：86
コカラスザンショウ……Ⅳ：87
サンショウ……Ⅳ：86
イヌザンショウ……Ⅳ：87
ヤクシマカラスザンショウ……Ⅳ：88

ニガキ科

ニワウルシ……Ⅲ：85
ニガキ……Ⅲ：85

センダン科

センダン……Ⅰ：85

ヒメハギ科

ヒメハギ……Ⅵ：50
ヒナノキンチャク……Ⅳ：89
ヒナノカンザシ……Ⅳ：89

ウルシ科

ヤマハゼ……Ⅵ：50

カエデ科（新：ムクロジ科）

コミネカエデ……Ⅵ：51
イロハモミジ……Ⅵ：51
チドリノキ……Ⅵ：51
ミツデカエデ……Ⅳ：90
メウリノキ……Ⅱ：101
シマウリカエデ……Ⅱ：101
ウリハダカエデ……Ⅳ：90

ムクロジ科

ムクロジ……Ⅴ：77
ハウチワノキ……Ⅰ：56

トチノキ科

トチノキ……Ⅱ：102

アワブキ科

ミヤマハハソ……Ⅵ：52
フシノハアワブキ……Ⅴ：77
アオカズラ……Ⅳ：91

ツリフネソウ科

キツリフネ……Ⅴ：78
ツリフネソウ……Ⅴ：78
ハガクレツリフネ……Ⅵ：52
エンシュウツリフネ……Ⅵ：52

モチノキ科

シイモチ……Ⅳ：94
ナナミノキ……Ⅳ：96
モチノキ……Ⅳ：95
ツゲモチ……Ⅳ：95
タラヨウ……Ⅳ：92
リュウキュウモチ……Ⅳ：96
ソヨゴ……Ⅳ：93
クロガネモチ……Ⅳ：93
オオシイバモチ……Ⅳ：94
ツクシイヌツゲ……Ⅵ：52
タマミズキ……Ⅵ：53

ニシキギ科

イワウメヅル……Ⅵ：53
ツルウメモドキ……Ⅵ：53
テリハツルウメモドキ……Ⅵ：53
ニシキギ……Ⅲ：89
コマユミ……Ⅲ：90
オオコマユミ……Ⅲ：90
コクテンギ……Ⅳ：98
ヒゼンマユミ……Ⅲ：88
ツルマサキ……Ⅳ：97
カントウマユミ……Ⅲ：87
マユミ……Ⅲ：87
コバノクロヅル……Ⅴ：76
クロヅル……Ⅴ：76
マサキ……Ⅳ：97
モクレイシ……Ⅳ：98

ミツバウツギ科

ショウベンノキ……Ⅵ：54
ミツバウツギ……Ⅵ：54

クロウメモドキ科

コバノクロウメモドキ……Ⅵ：54
キビノクロウメモドキ……Ⅵ：57
リュウキュウクロウメモドキ……Ⅵ：56
イソノキ……Ⅵ：55
ネコノチチ……Ⅵ：55
ケンポナシ……Ⅵ：55
オオクマヤナギ……Ⅵ：56
ヒメクマヤナギ……Ⅵ：56
クロイゲ……Ⅵ：56

ブドウ科

エビヅル……Ⅵ：57
サンカクヅル……Ⅵ：57
クマガワブドウ……Ⅵ：58
ヤブガラシ……Ⅵ：58
ミツバビンボウヅル……Ⅵ：58
オモロカズラ……Ⅵ：58
アカミノヤブガラシ……Ⅵ：58
ツタ……Ⅵ：59
ノブドウ……Ⅵ：59
キレハノブドウ……Ⅵ：59
ウドカズラ……Ⅵ：59

ホルトノキ科

ホルトノキ……Ⅳ：99

シナノキ科（新：アオイ科）

シナノキ……Ⅲ：91
ヘラノキ……Ⅲ：91

アオイ科

ハマボウ……Ⅰ：57
サキシマフヨウ……Ⅲ：92
オオバボンテンカ……Ⅳ：100
ボンテンカ……Ⅳ：100
キンゴジカ……Ⅵ：60
ウサギアオイ……Ⅵ：60

アオギリ科

ノジアオイ……Ⅵ：60

ジンチョウゲ科

オニシバリ……Ⅳ：101
ミツマタ……Ⅳ：101
キガンピ……Ⅵ：60
コショウノキ……Ⅵ：61

グミ科

マルバグミ……Ⅰ：58
ナワシログミ……Ⅰ：58
ツルグミ……Ⅵ：61
アキグミ……Ⅵ：61

イイギリ科（新：ヤナギ科）

イイギリ……Ⅲ：93

スミレ科

アリアケスミレ……Ⅴ：81
リュウキュウシロスミレ……Ⅵ：62
ヤクシマスミレ……Ⅵ：62
ヒゴスミレ……Ⅱ：103
ツクシスミレ……Ⅳ：103
ナガバノスミレサイシン……Ⅵ：62
エイザンスミレ……Ⅱ：103
タチツボスミレ……Ⅴ：81
アオイスミレ……Ⅳ：103
ヒメスミレ……Ⅲ：94
コスミレ……Ⅲ：95
ケマルバスミレ……Ⅳ：102
スミレ……Ⅲ：94

シコクスミレ……Ⅵ：62
コミヤマスミレ……Ⅳ：102
キスミレ……Ⅴ：80
タチスミレ……Ⅴ：80
フモトスミレ……Ⅴ：80
ヒナスミレ……Ⅴ：80
ツボスミレ……Ⅴ：81
シハイスミレ……Ⅳ：102
サクラスミレ……Ⅵ：62
ノジスミレ……Ⅲ：95

キブシ科

ハチジョウキブシ……Ⅱ：105
キブシ……Ⅱ：104

ウリ科

ゴキヅル……Ⅳ：104
オキナワスズメウリ……Ⅳ：106
ミヤマニガウリ……Ⅳ：104
クロミノオキナワスズメウリ……Ⅳ：106
サツマスズメウリ……Ⅳ：105
スズメウリ……Ⅳ：105
カラスウリ……Ⅵ：63
モミジカラスウリ……Ⅵ：63
キカラスウリ……Ⅵ：63
オオカラスウリ……Ⅵ：64
ケカラスウリ……Ⅵ：64
リュウキュウカラスウリ……Ⅵ：64
アマチャヅル……Ⅵ：64

ミソハギ科

シマサルスベリ……Ⅲ：96
エゾミソハギ……Ⅵ：65
キカシグサ……Ⅵ：65
ホザキキカシグサ……Ⅵ：65

フトモモ科

アデク……Ⅲ：97

ノボタン科

ノボタン……Ⅲ：98
ヒメノボタン……Ⅲ：98

ヒルギ科

メヒルギ……Ⅵ：66

アカバナ科

ヒレタゴボウ……Ⅳ：107
ミヤマタニタデ……Ⅵ：67
タニタデ……Ⅵ：67
ウシタキソウ……Ⅵ：67
ミズタマソウ……Ⅵ：67
メマツヨイグサ……Ⅳ：108
オオマツヨイグサ……Ⅳ：109
コマツヨイグサ……Ⅳ：108
ユウゲショウ……Ⅳ：107
マツヨイグサ……Ⅳ：109
ミズキンバイ……Ⅵ：69

ヤマトグサ科

ヤマトグサ……Ⅵ：65

ウリノキ科

モミジウリノキ……Ⅵ：66

ミズキ科

ミズキ……Ⅴ：86
クマノミズキ……Ⅴ：86
ナンゴクアオキ……Ⅴ：85
ヤマボウシ……Ⅵ：66
ハナイカダ……Ⅴ：85
リュウキュウハナイカダ……Ⅴ：85

ウコギ科

オカウコギ……Ⅵ：68
カクレミノ……Ⅳ：110
ヤツデ……Ⅵ：68
キヅタ……Ⅵ：68
トチバニンジン……Ⅳ：110
フカノキ……Ⅰ：59

セリ科（セリ科・ウコギ科）

ノダケ……Ⅵ：70
ヒメノダケ……Ⅵ：70
シラネセンキュウ……Ⅵ：71
ヨロイグサ……Ⅳ：112
クロカミトウキ……Ⅳ：112
クマノダケ……Ⅳ：113
ヒュウガトウキ……Ⅳ：113
ドクゼリ……Ⅴ：82
ウバタケニンジン……Ⅵ：70
ミツバ……Ⅱ：106
ツクシボウフウ……Ⅴ：84
ヤマゼリ……Ⅵ：71
セリ……Ⅴ：82
シムラニンジン……Ⅴ：83
ヒカゲミツバ……Ⅵ：71
ハゴロモヒカゲミツバ……Ⅵ：71
ウマノミツバ……Ⅱ：107
ヒメウマノミツバ……Ⅱ：107
ヌマゼリ……Ⅴ：84
カノツメソウ……Ⅴ：83
ヤブジラミ……Ⅰ：60
オヤブジラミ……Ⅰ：60
ハマボウフウ……Ⅵ：69
ツクシサイコ……Ⅵ：71
ツボクサ……Ⅵ：69
オオバチドメ……Ⅵ：69
ノチドメ……Ⅳ：111
オオチドメ……Ⅳ：111
チドメグサ……Ⅳ：111
ヒメチドメ……Ⅳ：111

リョウブ科

リョウブ……Ⅴ：88

イチヤクソウ科（新：ツツジ科）

ウメガサソウ……Ⅴ：88
ギンリョウソウ……Ⅴ：87
ギンリョウソウモドキ……Ⅴ：87
イチヤクソウ……Ⅴ：88

ツツジ科

ツクシドウダン……Ⅴ：89
ベニドウダン……Ⅴ：89
ドウダンツツジ……Ⅴ：89
アセビ……Ⅱ：12
ナツハゼ……Ⅵ：73
ネジキ……Ⅵ：73
ギーマ……Ⅵ：73
マルバサツキ……Ⅳ：15
サツキ……Ⅳ：15
ツクシシャクナゲ……Ⅳ：16
ハイヒカゲツツジ……Ⅵ：72
ツクシコバノミツバツツジ……Ⅵ：72
ヤマツツジ……Ⅳ：14
ミヤマキリシマ……Ⅳ：14
ヨウラクツツジ……Ⅰ：12
アマミセイシカ……Ⅳ：13
キレンゲツツジ……Ⅰ：13
ゲンカイツツジ……Ⅵ：72
レンゲツツジ……Ⅰ：13
ケラマツツジ……Ⅳ：13
バイカツツジ……Ⅰ：12
アラゲサクラツツジ……Ⅲ：14
サクラツツジ……Ⅲ：14
ヤクシマシャクナゲ……Ⅳ：16
コケモモ……Ⅱ：12

ヤブコウジ科（新：サクラソウ科）

マンリョウ……Ⅱ：13
カラタチバナ……Ⅱ：14
シナヤブコウジ……Ⅱ：14
ヤブコウジ……Ⅱ：15
シロミヤブコウジ……Ⅱ：15
ツルコウジ……Ⅱ：15
オオツルコウジ……Ⅵ：74
シシアクチ……Ⅵ：74
モクタチバナ……Ⅰ：16
タイミンタチバナ……Ⅰ：16
イズセンリョウ……Ⅰ：14
シマイズセンリョウ……Ⅰ：15

サクラソウ科

ルリハコベ……Ⅵ：74
リュウキュウコザクラ……Ⅰ：17
コナスビ……Ⅰ：18
ヒメコナスビ……Ⅰ：18

クサレダマ……Ⅵ：75
ハマボッス……Ⅱ：16
ヌマトラノオ……Ⅵ：75
ヘツカコナスビ……Ⅰ：18
モロコシソウ……Ⅱ：16
ミヤマコナスビ……Ⅰ：19
オニコナスビ……Ⅰ：19
サクラソウ……Ⅰ：17

イソマツ科

イソマツ……Ⅵ：75

カキノキ科

リュウキュウガキ……Ⅳ：17
リュウキュウマメガキ……Ⅵ：76
ヤマガキ……Ⅵ：76
トキワガキ……Ⅳ：17

エゴノキ科

アサガラ……Ⅵ：77
オオバアサガラ……Ⅵ：77
エゴノキ……Ⅰ：21
ハクウンボク……Ⅰ：20
コハクウンボク……Ⅵ：76

ハイノキ科

アオバノキ……Ⅲ：16
ミミズバイ……Ⅳ：18
クロキ……Ⅳ：18
ハイノキ……Ⅲ：15
クロバイ……Ⅵ：78
カンザブロウノキ……Ⅲ：16
クロミノサワフタギ……Ⅵ：77
サワフタギ……Ⅵ：78
タンナサワフタギ……Ⅵ：78

ナガボノウルシ科

ナガボノウルシ……Ⅲ：38

モクセイ科

ヒトツバタゴ……Ⅱ：17
ヤマトアオダモ……Ⅳ：19
マルバアオダモ……Ⅳ：19
シオジ……Ⅵ：79
シマモクセイ……Ⅵ：79
ネズミモチ……Ⅴ：92
サイコクイボタ……Ⅵ：79
ヤナギイボタ……Ⅴ：92

マチン科

ホウライカズラ……Ⅵ：80
アイナエ……Ⅵ：80
ヒメナエ……Ⅵ：80

リンドウ科

リンドウ……Ⅰ：23
クマガワリンドウ……Ⅳ：20
ヘツカリンドウ……Ⅲ：17
ハルリンドウ……Ⅵ：82
フデリンドウ……Ⅵ：82
コケリンドウ……Ⅵ：82
アケボノソウ……Ⅵ：81
シノノメソウ……Ⅵ：81
ムラサキセンブリ……Ⅵ：81
センブリ……Ⅵ：82
イヌセンブリ……Ⅲ：17
ツルリンドウ……Ⅳ：20

ミツガシワ科

ミツガシワ……Ⅱ：18
ヒメシロアサザ……Ⅱ：19
アサザ……Ⅱ：19
ガガブタ……Ⅵ：83

キョウチクトウ科

チョウジソウ……Ⅰ：23
サカキカズラ……Ⅴ：90
テイカカズラ……Ⅰ：22
オキナワテイカカズラ……Ⅴ：90
ケテイカカズラ……Ⅰ：22

ガガイモ科
（新：ガガイモ科・キョウチクトウ科）

トウワタ……Ⅱ：20
サクラフン……Ⅴ：91
シタキソウ……Ⅲ：18
ガガイモ……Ⅴ：91
イケマ……Ⅵ：83
コカモメヅル……Ⅵ：83
アオカモメヅル……Ⅵ：83
トキワカモメヅル……Ⅳ：21
ツルモウリンカ……Ⅰ：24
ロクオンソウ……Ⅱ：20
フナバラソウ……Ⅳ：21
イヨカズラ……Ⅰ：24
ツルガシワ……Ⅰ：25
クサタチバナ……Ⅵ：84

アカネ科

タニワタリノキ……Ⅵ：84
ナガバジュズネノキ……Ⅵ：85
ジュズネノキ……Ⅵ：85
オオアリドオシ……Ⅵ：85
アリドオシ……Ⅵ：85
シマミサオノキ……Ⅲ：24
ミサオノキ……Ⅳ：22
リュウキュウアリドオシ……Ⅲ：22
キヌタソウ……Ⅱ：22
オオバノヤエムグラ……Ⅲ：19
ヤエムグラ……Ⅲ：19
クルマムグラ……Ⅵ：84
クチナシ……Ⅴ：102
ソナレムグラ……Ⅱ：21
マルバルリミノキ……Ⅲ：21
リュウキュウルリミノキ
……Ⅲ：21
ルリミノキ……Ⅲ：20
サツマルリミノキ……Ⅲ：20
オオバルリミノキ……Ⅲ：22
ツルアリドオシ……Ⅵ：84
ハナガサノキ……Ⅴ：101
コンロンカ……Ⅲ：26
ヒロハコンロンカ……Ⅲ：27
サツマイナモリ……Ⅰ：27
ヤイトバナ……Ⅴ：101
イナモリソウ……Ⅰ：27
ナガミボチョウジ……Ⅴ：102
ボチョウジ……Ⅲ：23
シラタマカズラ……Ⅱ：21
オオキヌタソウ……Ⅱ：22
ギョクシンカ……Ⅲ：25

ヒルガオ科

コヒルガオ……Ⅴ：94
ヒルガオ……Ⅴ：94
ハマヒルガオ……Ⅱ：23
セイヨウヒルガオ……Ⅴ：93
ノアサガオ……Ⅰ：26
マメアサガオ……Ⅴ：93
アサガオ……Ⅰ：26
アメリカアサガオ……Ⅵ：86
マルバアメリカアサガオ
……Ⅵ：86
モミジヒルガオ……Ⅵ：86
イモネアサガオ……Ⅴ：93
グンバイヒルガオ……Ⅱ：23
イモネホシアサガオ……Ⅴ：93
ホシアサガオ……Ⅴ：94
オキナアサガオ……Ⅵ：86

ムラサキ科

サワルリソウ……Ⅵ：87
オオルリソウ……Ⅵ：87
イヌムラサキ……Ⅰ：29
ハナイバナ……Ⅲ：28
ムラサキ……Ⅰ：29
ホタルカズラ……Ⅱ：24
ミズタビラコ……Ⅱ：24
キュウリグサ……Ⅲ：28
チョウセンカメバソウ……Ⅰ：28

クマツヅラ科
（新：クマツヅラ科・シソ科）

イワダレソウ……Ⅱ：25
クマツヅラ……Ⅰ：31
コムラサキ……Ⅲ：30
ムラサキシキブ……Ⅲ：30
オオムラサキシキブ……Ⅲ：31

ビロードムラサキ…………Ⅲ：32
タカクマムラサキ…………Ⅲ：33
ヤブムラサキ…………Ⅲ：32
オオシマムラサキ…………Ⅲ：33
ダンギク…………Ⅰ：31
ショウロウクサギ…………Ⅳ：23
アマクサギ…………Ⅳ：23
ハマクサギ…………Ⅲ：29
カリガネソウ…………Ⅰ：30
ハマゴウ…………Ⅱ：25

シソ科

カイジンドウ…………Ⅱ：31
キランソウ…………Ⅰ：35
オウギカズラ…………Ⅱ：33
ヒメキランソウ…………Ⅰ：35
ニシキゴロモ…………Ⅴ：95
ヤマジオウ…………Ⅴ：95
ジャコウソウ…………Ⅰ：34
タニジャコウソウ…………Ⅰ：34
ヤマクルマバナ…………Ⅳ：24
クルマバナ…………Ⅳ：24
トウバナ…………Ⅳ：28
イヌトウバナ…………Ⅳ：28
ヤマトウバナ…………Ⅳ：28
ミズネコノオ…………Ⅵ：88
ミズトラノオ…………Ⅵ：88
カキドオシ…………Ⅱ：28
ミゾコウジュ…………Ⅵ：88
ヤマハッカ…………Ⅲ：34
ヒキオコシ…………Ⅲ：34
シモバシラ…………Ⅱ：36
オドリコソウ…………Ⅰ：33
ホトケノザ…………Ⅱ：28
モミジバヒメオドリコソウ…………Ⅴ：95
ヒメオドリコソウ…………Ⅰ：33
メハジキ…………Ⅰ：32
キセワタ…………Ⅰ：32
ヤンバルツルハッカ…………Ⅱ：32
シロネ…………Ⅴ：96
ヒメシロネ…………Ⅴ：96
コシロネ…………Ⅵ：89
エゾシロネ…………Ⅵ：89
シラゲヒメジソ…………Ⅵ：89
ヒメキセワタ…………Ⅳ：29
ラショウモンカズラ…………Ⅱ：33
ハッカ…………Ⅳ：29
スズコウジュ…………Ⅱ：29
ウツボグサ…………Ⅱ：29
アキノタムラソウ…………Ⅱ：35
ヒメタムラソウ…………Ⅱ：34
アマミタムラソウ…………Ⅱ：34
ハルノタムラソウ…………Ⅱ：34
セイタカナミキソウ…………Ⅳ：25
ヒメナミキ…………Ⅳ：26
コナミキ…………Ⅳ：26
シロバナタツナミソウ…………Ⅱ：27
タツナミソウ…………Ⅱ：27
コバノタツナミ…………Ⅱ：27
ツクシタツナミソウ…………Ⅱ：26
シソバタツナミソウ…………Ⅱ：26
ヤマタツナミソウ…………Ⅳ：27
ミヤマナミキ…………Ⅳ：27
ナミキソウ…………Ⅳ：25
ニガクサ…………Ⅱ：30
ツルニガクサ…………Ⅱ：30
イブキジャコウソウ…………Ⅱ：32

ナス科

ヤマホオズキ…………Ⅴ：97
イガホオズキ…………Ⅳ：31
ヒメセンナリホオズキ…………Ⅴ：97
ハシリドコロ…………Ⅲ：35
ヤマホロシ…………Ⅵ：90
マルバノホロシ…………Ⅵ：90
ヒヨドリジョウゴ…………Ⅵ：90
アメリカイヌホオズキ…………Ⅳ：31
ハダカホオズキ…………Ⅳ：30
マルバハダカホオズキ…………Ⅳ：30

ゴマノハグサ科
(新：ゴマノハグサ科・オオバコ科・ハマウツボ科・アゼナ科・ハエドクソウ科)

ツクシコゴメグサ…………Ⅵ：92
トキワハゼ…………Ⅵ：92
サギゴケ…………Ⅵ：92
ムラサキサギゴケ…………Ⅵ：92
ゴマノハグサ…………Ⅳ：32
ヒキヨモギ…………Ⅵ：91
ヒメアメリカアゼナ…………Ⅴ：99
アメリカアゼナ…………Ⅴ：99
ウキアゼナ…………Ⅴ：100
ツタバウンラン…………Ⅳ：33
サワトウガラシ…………Ⅴ：100
キタミソウ…………Ⅱ：37
マツバウンラン…………Ⅴ：98
タチイヌノフグリ…………Ⅱ：38
フラサバソウ…………Ⅱ：39
クワガタソウ…………Ⅱ：37
ツクシトラノオ…………Ⅰ：36
ヤマトラノオ…………Ⅰ：36
ハマトラノオ…………Ⅰ：37
ムシクサ…………Ⅴ：99
オオイヌノフグリ…………Ⅱ：38
イヌノフグリ…………Ⅱ：39
カワヂシャ…………Ⅳ：32
ウスユキクチナシグサ…………Ⅳ：33
クチナシグサ…………Ⅳ：33
シオガマギク…………Ⅵ：91
コシオガマ…………Ⅵ：91
ツクシシオガマ…………Ⅵ：91
アゼナ…………Ⅴ：99
シコクママコナ…………Ⅵ：92
ミゾホオズキ…………Ⅴ：100
コバナツルウリクサ…………Ⅰ：28

ノウゼンカズラ科

キリ…………Ⅴ：98

キツネノマゴ科

アリモリソウ…………Ⅰ：38
キツネノマゴ…………Ⅲ：36
キツネノヒマゴ…………Ⅲ：36
ハグロソウ…………Ⅲ：37
イセハナビ…………Ⅰ：38
スズムシバナ…………Ⅰ：37
オキナワスズムシソウ…………Ⅵ：93

イワタバコ科

イワタバコ…………Ⅳ：34
イワギリソウ…………Ⅳ：34
タマザキヤマビワソウ…………Ⅵ：94

ハマウツボ科

ヤマウツボ…………Ⅱ：40
ハマウツボ…………Ⅱ：40

タヌキモ科

ミミカキグサ…………Ⅵ：94
イヌタヌキモ…………Ⅵ：94

ハマジンチョウ科

ハマジンチョウ…………Ⅰ：39

オオバコ科

ヘラオオバコ…………Ⅵ：95
ツボミオオバコ…………Ⅵ：95
オオバコ…………Ⅵ：95
エゾオオバコ…………Ⅵ：95

スイカズラ科
(新：スイカズラ科・レンプクソウ科)

ツクバネウツギ…………Ⅵ：96
コツクバネウツギ…………Ⅳ：40
オオツクバネウツギ…………Ⅳ：39
スイカズラ…………Ⅳ：35
ヒメスイカズラ…………Ⅳ：35
ミヤマウグイスカグラ…………Ⅵ：96
ニワトコ…………Ⅵ：97
イワツクバネウツギ…………Ⅳ：39
チョウジガマズミ…………Ⅰ：42
オオチョウジガマズミ…………Ⅰ：42

ガマズミ……Ⅳ：37
コバノガマズミ……Ⅳ：36
イヌガマズミ……Ⅳ：36
サンゴジュ……Ⅵ：96
オオカメノキ……Ⅳ：38
ハクサンボク……Ⅱ：42
コヤブデマリ……Ⅱ：41
ヤブデマリ……Ⅱ：41
ゴマギ……Ⅳ：37
ヤマシグレ……Ⅳ：38
ミヤマガマズミ……Ⅳ：36
ベニバナニシキウツギ……Ⅵ：97
オオベニウツギ……Ⅵ：97

レンプクソウ科

レンプクソウ……Ⅲ：38

オミナエシ科（新：スイカズラ科）

オミナエシ……Ⅲ：39
オトコエシ……Ⅲ：39
カノコソウ……Ⅱ：44
ツルカノコソウ……Ⅱ：45

マツムシソウ科

ナベナ……Ⅵ：93
マツムシソウ……Ⅵ：93

キキョウ科

ソバナ……Ⅲ：40
ツリガネニンジン……Ⅲ：41
ツクシイワシャジン……Ⅵ：98
サイヨウシャジン……Ⅲ：41
シデシャジン……Ⅴ：103
ヤツシロソウ……Ⅴ：103
ホタルブクロ……Ⅲ：42
ツルギキョウ……Ⅱ：43
ツルニンジン……Ⅴ：104
バアソブ……Ⅴ：104
サワギキョウ……Ⅵ：98
ミゾカクシ……Ⅴ：105
タニギキョウ……Ⅰ：40
ツクシタニギキョウ……Ⅰ：40
キキョウ……Ⅰ：41
キキョウソウ……Ⅴ：105
ヒナギキョウソウ……Ⅴ：105
ヒナキキョウ……Ⅰ：41
タンゲブ……Ⅵ：98

キク科

アソノコギリソウ……Ⅳ：51
セイヨウノコギリソウ……Ⅳ：51
オカダイコン……Ⅱ：49
［注］ヌマダイコンを訂正
ホソバハグマ……Ⅵ：106
キッコウハグマ……Ⅵ：106
マルバテイショウソウ……Ⅵ：106
ヤハズハハコ……Ⅵ：107
ウラジロチチコグサ……Ⅵ：107
フクド……Ⅵ：108
ソナレノギク……Ⅵ：101
センダングサ……Ⅵ：104
コシロノセンダングサ……Ⅵ：104
ヒメシオン……Ⅴ：110
コヨメナ……Ⅳ：45
ヒゴシオン……Ⅳ：44
オキナワギク……Ⅱ：52
ミヤマヨメナ……Ⅴ：110
ダルマギク……Ⅰ：55
シオン……Ⅳ：44
ヨメナ……Ⅳ：45
オケラ……Ⅵ：107
ヒレアザミ……Ⅱ：48
ガンクビソウ……Ⅵ：103
サジガンクビソウ……Ⅵ：103
ヒメガンクビソウ……Ⅵ：103
ヤブタバコ……Ⅵ：104
コヤブタバコ……Ⅵ：104
キクタニギク……Ⅵ：101
イワギク……Ⅵ：101
チョウセンノギク……Ⅵ：101
ヤマヒヨドリバナ……Ⅵ：105
オオヒヨドリバナ……Ⅵ：105
シマフジバカマ……Ⅵ：105
オオシマノジギク……Ⅴ：106
サンインギク……Ⅴ：106
シマカンギク……Ⅰ：48
ノジギク……Ⅰ：48
サツマノギク……Ⅰ：49
ノマアザミ……Ⅰ：54
ノアザミ……Ⅰ：54
テリハアザミ……Ⅴ：108
ヤマアザミ……Ⅴ：107
オイランアアミ……Ⅰ：53
ツクシアザミ……Ⅴ：108
モリアザミ……Ⅵ：102
キセルアザミ……Ⅵ：102
ヒメムカシヨモギ……Ⅳ：43
イズハハコ……Ⅳ：46
オオキンケイギク……Ⅵ：100
オオアレチノギク……Ⅳ：43
アゼトウナ……Ⅱ：47
ホソバワダン……Ⅰ：44
モクビャッコウ……Ⅱ：55
ブクリョウサイ……Ⅳ：46
ヒゴタイ……Ⅰ：52
アメリカタカサブロウ……Ⅴ：109
タカサブロウ……Ⅴ：109
ウスベニニガナ……Ⅱ：54
ミズヒマワリ……Ⅵ：109
ヒメジョオン……Ⅱ：51
ハルジョオン……Ⅱ：51
オオツワブキ……Ⅱ：53
ツワブキ……Ⅱ：53
リュウキュウツワブキ……Ⅱ：53
ハキダメギク……Ⅴ：106
タチチチコグサ……Ⅴ：111
キツネアザミ……Ⅱ：48
ホソバオグルマ……Ⅵ：100
ニガナ……Ⅵ：99
イワニガナ……Ⅵ：99
オオヂシバリ……Ⅵ：99
タカサゴソウ……Ⅱ：46
コオニタビラコ……Ⅳ：41
ヤブタビラコ……Ⅳ：41
センボンヤリ……Ⅲ：43
ウスユキソウ……Ⅲ：43
ハンカイソウ……Ⅰ：50
ハマグルマ……Ⅲ：45
サワギク……Ⅳ：50
ウスゲタマブキ……Ⅳ：47
キリシマヒゴタイ……Ⅵ：102
ツクシコウモリソウ……Ⅳ：48
ヤクシマコウモリ……Ⅳ：48
ツクシカシワバハグマ……Ⅱ：50
カシワバハグマ……Ⅱ：50
モミジコウモリ……Ⅵ：109
モミジガサ……Ⅵ：109
シマコウヤボウキ……Ⅵ：108
ナガバノコウヤボウキ……Ⅵ：108
コウヤボウキ……Ⅵ：108
フキ……Ⅱ：53
ハハコグサ……Ⅴ：111
アキノハハコグサ……Ⅴ：111
アキノノゲシ……Ⅰ：43
チョウセンヤマニガナ……Ⅵ：100
ホクチアザミ……Ⅴ：107
ナルトサワギク……Ⅱ：54
キオン……Ⅳ：49
タムラソウ……Ⅵ：102
ツクシメナモミ……Ⅵ：110
メナモミ……Ⅵ：110
コメナモミ……Ⅵ：110
ノボロギク……Ⅳ：50
セイタカアワダチソウ……Ⅲ：44
アキノキリンソウ……Ⅲ：44
オニノゲシ……Ⅰ：43
ハルノノゲシ……Ⅰ：43
ヤブレガサ……Ⅰ：51

クマノギク……Ⅲ：45
ハバヤマボクチ……Ⅳ：42
キクバヤマボクチ……Ⅳ：42
シロバナタンポポ……Ⅰ：46
キビシロタンポポ……Ⅱ：46
カンサイタンポポ……Ⅰ：47
ツクシタンポポ……Ⅰ：46
アカミタンポポ……Ⅰ：47
セイヨウタンポポ……Ⅰ：47
オカオグルマ……Ⅰ：45
サワオグルマ……Ⅰ：45
アメリカハマグルマ……Ⅵ：100
オニタビラコ……Ⅳ：41

シバナ科

シバナ……Ⅴ：112

ホンゴウソウ科

ホンゴウソウ……Ⅴ：112

ユリ科
（新：ユリ科・サルトリイバラ科）

ウバユリ……Ⅲ：105
ホソバナコバイモ……Ⅵ：112
タカサゴユリ……Ⅲ：104
オニユリ……Ⅰ：97
コオニユリ……Ⅰ：97
テッポウユリ……Ⅲ：104
カノコユリ……Ⅰ：96
ヤマユリ……Ⅵ：115
ヒメユリ……Ⅵ：113
ノヒメユリ……Ⅵ：115
アマナ……Ⅵ：112
キバナノホトトギス……Ⅲ：106
タカクマホトトギス……Ⅰ：103
タマガワホトトギス……Ⅰ：102
キバナノツキヌキホトトギス……Ⅲ：106
ホトトギス……Ⅵ：114
ヤマホトトギス……Ⅵ：114
ヤマジノホトトギス……Ⅵ：114
チャボホトトギス……Ⅵ：114
マルバサンキライ……Ⅵ：112
カラスキバサンキライ……Ⅲ：103
サツマサンキライ……Ⅲ：103
サルトリイバラ……Ⅱ：108
タチシオデ……Ⅲ：102
シオデ……Ⅲ：102
ハマサルトリイバラ……Ⅱ：108
ハラン……Ⅵ：115
シライトソウ……Ⅳ：115
ハマカンゾウ……Ⅵ：113
ヤブカンゾウ……Ⅵ：113
ユウスゲ……Ⅵ：113
ツクシショウジョウバカマ……Ⅱ：109
ホウチャクソウ……Ⅰ：99
キバナチゴユリ……Ⅵ：112
ツルボ……Ⅳ：115
ケイビラン……Ⅰ：101
スズラン……Ⅴ：115
ヒュウガギボウシ……Ⅱ：110
サイコクイワギボウシ……Ⅰ：100
ウバタケギボウシ……Ⅰ：100
ナンカイギボウシ……Ⅱ：110
トウギボウシ……Ⅵ：111
カンザシギボウシ……Ⅵ：111
コバギボウシ……Ⅵ：111
マイヅルソウ……Ⅴ：115
ユキザサ……Ⅴ：115
ウスギワニグチソウ……Ⅰ：98
ヒメイズイ……Ⅴ：114
ミドリヨウラク……Ⅰ：99
ワニグチソウ……Ⅰ：98
ミヤマナルコユリ……Ⅴ：114
オモト……Ⅲ：107
ナンゴクヤマラッキョウ……Ⅰ：104
ヤマラッキョウ……Ⅰ：104
イトラッキョウ……Ⅰ：104
ノギラン……Ⅳ：115
キョウラン……Ⅰ：101

ヒガンバナ科
（新：ユリ科・ヒガンバナ科・キンバイザサ科）

ハマオモト……Ⅲ：109
オオキツネノカミソリ……Ⅲ：108
キツネノカミソリ……Ⅲ：108
キンバイザサ……Ⅰ：105
コキンバイザサ……Ⅰ：105
ヒガンバナ……Ⅰ：106
ショウキズイセン……Ⅰ：106
スイセン……Ⅴ：116
サフランモドキ……Ⅲ：110
タマスダレ……Ⅲ：110

ヤマノイモ科

オニドコロ……Ⅵ：116
カエデドコロ……Ⅵ：116
キクバドコロ……Ⅵ：117
ニガカシュウ……Ⅵ：117
ヒメドコロ……Ⅵ：117
ヤマノイモ……Ⅵ：116

ビャクブ科

ヒメナベワリ……Ⅵ：118

ミズアオイ科

ホテイアオイ……Ⅱ：112
ミズアオイ……Ⅱ：111

アヤメ科

ヒメヒオウギズイセン……Ⅳ：118
ヒオウギ……Ⅳ：118
ノハナショウブ……Ⅲ：111
ヒメシャガ……Ⅳ：116
シャガ……Ⅳ：117
カキツバタ……Ⅲ：111
エヒメアヤメ……Ⅳ：116
アヤメ……Ⅴ：116
イチハツ……Ⅳ：117
キショウブ……Ⅵ：118
ニワゼキショウ……Ⅵ：118

ヒナノシャクジョウ科

ヒナノシャクジョウ……Ⅰ：107
シロシャクジョウ……Ⅰ：107
キリシマシャクジョウ……Ⅰ：107

タヌキアヤメ科

タヌキアヤメ……Ⅰ：108

ツユクサ科

ホウライツユクサ……Ⅱ：114
マルバツユクサ……Ⅱ：113
ツユクサ……Ⅱ：113
シマツユクサ……Ⅱ：114
ヤブミョウガ……Ⅵ：119
ミドリハカタカラクサ……Ⅵ：119

サトイモ科
（新：サトイモ科・セキショウ科）

クワズイモ……Ⅵ：120
ヤマコンニャク……Ⅳ：114
マイヅルテンナンショウ……Ⅳ：114
マムシグサ……Ⅱ：116
ヒメウラシマソウ……Ⅱ：115
ツクシマムシグサ……Ⅲ：100
ヒトヨシテンナンショウ　Ⅱ：117
オガタテンナンショウ……Ⅰ：110
ヒロハテンナンショウ……Ⅲ：101
ムサシアブミ……Ⅲ：99
キリシマテンナンショウ……Ⅰ：111
ツクシヒトツバテンナンショウ……Ⅲ：100
ミツバテンナンショウ……Ⅲ：101
ナンゴクウラシマソウ……Ⅱ：115
リュウキュウハンゲ……Ⅰ：109
オオハンゲ……Ⅵ：120
カラスビシャク……Ⅵ：120
ショウブ……Ⅴ：113
セキショウ……Ⅴ：113

タコノキ科

アダン ……Ⅰ：112

ミクリ科

オオミクリ ……Ⅵ：121

ガマ科

ガマ ……Ⅵ：121

コガマ ……Ⅵ：121

ヒメガマ ……Ⅵ：121

ショウガ科

ハナミョウガ ……Ⅵ：119

クマタケラン ……Ⅲ：112

アオノクマタケラン ……Ⅲ：113

ゲットウ ……Ⅲ：112

カンナ科

ダンドク ……Ⅲ：113

ラン科

オキナワチドリ ……Ⅴ：118

シラン ……Ⅲ：114

ムギラン ……Ⅲ：120

ヒロハノカラン ……Ⅲ：115

エビネ ……Ⅰ：118

リュウキュウエビネ ……Ⅲ：117

キンセイラン ……Ⅴ：118

ナツエビネ ……Ⅴ：120

キエビネ ……Ⅰ：118

サルメンエビネ ……Ⅴ：120

ツルラン ……Ⅲ：116

ギンラン ……Ⅰ：116

キンラン ……Ⅰ：116

ササバギンラン ……Ⅳ：119

アカバシュスラン ……Ⅱ：120

サイハイラン ……Ⅲ：114

クマガイソウ ……Ⅵ：123

ヘツカラン ……Ⅳ：119

シュンラン ……Ⅰ：121

マヤラン ……Ⅳ：120

ナギラン ……Ⅲ：119

ツチアケビ ……Ⅰ：113

キバナノセッコク ……Ⅱ：121

セッコク ……Ⅱ：121

カキラン ……Ⅴ：119

カシノキラン ……Ⅲ：120

アキザキヤツシロラン …Ⅵ：122

クロヤツシロラン ……Ⅵ：122

ハチジョウシュスラン …Ⅵ：122

ベニシュスラン ……Ⅱ：119

アケボノシュスラン ……Ⅱ：119

カゴメラン ……Ⅰ：117

ヤクシマシュスラン ……Ⅰ：117

キンギンソウ ……Ⅲ：118

フナシミヤマウズラ ……Ⅱ：118

ミヤマウズラ ……Ⅱ：118

シュスラン ……Ⅱ：119

シマシュスラン ……Ⅱ：118

ミズトンボ ……Ⅰ：115

ハクウンラン ……Ⅱ：120

ムヨウラン ……Ⅲ：121

ユウコクラン ……Ⅴ：117

ジガバチソウ ……Ⅴ：117

クモキリソウ ……Ⅴ：119

コクラン ……Ⅴ：117

ボウラン ……Ⅲ：119

ニラバラン ……Ⅲ：118

フウラン ……Ⅴ：117

ヒメフタバラン ……Ⅳ：121

ヨウラクラン ……Ⅲ：120

コケイラン ……Ⅴ：121

サギソウ ……Ⅳ：121

ムカゴトンボ ……Ⅰ：115

ガンゼキラン ……Ⅰ：114

カクチョウラン ……Ⅴ：121

ミズチドリ ……Ⅰ：120

オオバナヤマサギソウ …Ⅰ：120

ハシナガヤマサギソウ …Ⅵ：123

ツレサギソウ ……Ⅵ：123

ヤマトキソウ ……Ⅳ：121

ウチョウラン ……Ⅳ：120

クロカミラン ……Ⅳ：120

ナゴラン ……Ⅴ：117

ネジバナ ……Ⅰ：119

ヒトツボクロ ……Ⅰ：119

キバナノショウキラン …Ⅴ：118

ショウキラン ……Ⅴ：118

キヌラン ……Ⅲ：121

和名総索引

ア

アイナエ……Ⅵ：80

アイヌワサビ……Ⅴ：48

アイラトビカズラ……Ⅱ：93

アオイスミレ ……Ⅳ：103

アオガシ……Ⅵ：26

アオカズラ……Ⅳ：91

アオカモメヅル……Ⅵ：83

アオツヅラフジ……Ⅵ：31

アオノクマタケラン ……Ⅲ：113

アオハコベ……Ⅳ：56

アオバノキ……Ⅲ：16

アオベンケイ……Ⅱ：83

アオミズ……Ⅵ：19

アカガシ……Ⅱ：56

アカザ……Ⅴ：26

アカササゲ……Ⅴ：68

アカシデ……Ⅴ：13

アカショウマ……Ⅴ：49

アカツメクサ……Ⅴ：72

アカバシュスラン ……Ⅱ：120

アカミタンポポ……Ⅰ：47

アカミノヤブガラシ……Ⅵ：58

アキグミ……Ⅵ：61

アキザキヤツシロラン ……Ⅵ：122

アキノキリンソウ……Ⅲ：44

アキノギンリョウソウ……Ⅴ：87

アキノタムラソウ……Ⅱ：35

アキノノゲシ……Ⅰ：43

アキノハハコグサ ……Ⅴ：111

アケビ……Ⅳ：62

アケボノシュスラン ……Ⅱ：119

アケボノソウ……Ⅵ：81

アコウ……Ⅱ：60

アサガオ……Ⅰ：26

アサガラ……Ⅵ：77

アサザ……Ⅱ：19

アズキナシ……Ⅰ：79

アスナロ……Ⅴ：12

アズマイチゲ……Ⅱ：72

アゼオトギリ……Ⅵ：32

アゼトウナ……Ⅱ：47

アゼナ……Ⅴ：99

アセビ……Ⅱ：12

アゼムシロ ……Ⅴ：105

アソサイシン……Ⅳ：64

アソノコギリソウ……Ⅳ：51

アダン……Ⅰ：112
アツミゲシ……Ⅰ：63
アデク……Ⅲ：97
アブラチャン……Ⅵ：26
アマクサギ……Ⅳ：23
アマチャヅル……Ⅵ：64
アマナ……Ⅵ：112
アマミアラカシ……Ⅱ：59
アマミザンショウ……Ⅳ：86
アマミセイシカ……Ⅳ：13
アマミタムラソウ……Ⅱ：34
アマミヒトツバハギ……Ⅵ：48
アメリカアサガオ……Ⅵ：86
アメリカアゼナ……Ⅴ：99
アメリカイヌホオキ……Ⅳ：31
アメリカキツネノボタン……Ⅵ：27
アメリカタカサブロウ……Ⅴ：109
アメリカハマグルマ……Ⅵ：100
アメリカフウロ……Ⅴ：73
アメリカヤマゴボウ……Ⅴ：27
アヤメ……Ⅴ：116
アラカシ……Ⅱ：58
アラゲサクラツツジ……Ⅲ：14
アリアケスミレ……Ⅴ：81
アリサンミズ……Ⅴ：16
アリドオシ……Ⅵ：85
アリマウマノスズクサ……Ⅴ：18
アリモリソウ……Ⅰ：38
アレチヌスビトハギ……Ⅵ：43
アワモリショウマ……Ⅴ：50
イイギリ……Ⅲ：93
イガホオズキ……Ⅳ：31
イケマ……Ⅵ：83
イシミカワ……Ⅴ：22
イジュ……Ⅱ：80
イズセンリョウ……Ⅰ：14
イスノキ……Ⅲ：66
イズハハコ……Ⅳ：46
イセハナビ……Ⅰ：38
イソノキ……Ⅵ：55
イソフジ……Ⅵ：43
イソマツ……Ⅵ：75
イソヤマアオキ……Ⅱ：73
イタジイ……Ⅲ：46
イタチササゲ……Ⅲ：81
イタビカズラ……Ⅴ：15
イチイガシ……Ⅱ：57
イチハツ……Ⅳ：117
イチヤクソウ……Ⅴ：88
イチリンソウ……Ⅲ：59
イトラッキョウ……Ⅰ：104
イナモリソウ……Ⅰ：27
イヌエンジュ……Ⅴ：70
イヌカキネガラシ……Ⅵ：36
イヌガシ……Ⅵ：26
イヌガマズミ……Ⅳ：36
イヌガヤ……Ⅲ：13
イヌザクラ……Ⅴ：61
イヌザンショウ……Ⅳ：87
イヌセンブリ……Ⅲ：17
イヌタデ……Ⅰ：93
イヌタヌキモ……Ⅵ：94
イヌトウバナ……Ⅳ：28
イヌノフグリ……Ⅱ：39
イヌビワ……Ⅴ：15
イヌブナ……Ⅵ：16
イヌマキ……Ⅵ：14
イヌムラサキ……Ⅰ：29
イノコヅチ……Ⅵ：24
イブキシモツケ……Ⅳ：71
イブキジャコウソウ……Ⅱ：32
イブキトラノオ……Ⅴ：23
イボミキンポウゲ……Ⅴ：37
イモカタバミ……Ⅱ：98
イモネアサガオ……Ⅴ：93
イモネホシアサガオ……Ⅴ：93
イヨカズラ……Ⅰ：24
イロハモミジ……Ⅵ：51
イワウメヅル……Ⅵ：53
イワガラミ……Ⅴ：52
イワギク……Ⅵ：101
イワギリソウ……Ⅳ：34
イワキンバイ……Ⅲ：75
イワシデ……Ⅴ：13
イワタバコ……Ⅳ：34
イワダレソウ……Ⅱ：25
イワツクバネウツギ……Ⅳ：39
イワニガナ……Ⅵ：99
イワレンゲ……Ⅰ：67
ウキアゼナ……Ⅴ：100
ウサギアオイ……Ⅵ：60
ウシコロシ……Ⅳ：74
ウシタキソウ……Ⅵ：67
ウシハコベ……Ⅳ：55
ウスギワニグチソウ……Ⅰ：98
ウスゲタマブキ……Ⅳ：47
ウスベニニガナ……Ⅱ：54
ウスユキクチナシグサ……Ⅳ：33
ウスユキソウ……Ⅲ：43
ウチョウラン……Ⅳ：120
ウチワダイモンジソウ……Ⅴ：54
ウツギ……Ⅰ：70
ウツボグサ……Ⅱ：29
ウドカズラ……Ⅵ：59
ウバタケギボウシ……Ⅰ：100
ウバタケニンジン……Ⅵ：70
ウバユリ……Ⅲ：105
ウマノアシガタ……Ⅴ：36
ウマノスズクサ……Ⅴ：18
ウマノミツバ……Ⅱ：107
ウメガサソウ……Ⅴ：88
ウメバチソウ……Ⅵ：38
ウラジロエノキ……Ⅲ：51
ウラジロガシ……Ⅱ：57
ウラジロシモツケ……Ⅵ：42
ウラジロチチコグサ……Ⅵ：107
ウラジロノキ……Ⅳ：74
ウリカエデ……Ⅱ：101
ウリハダカエデ……Ⅳ：90
ウワミズザクラ……Ⅴ：61
ウンゼンマンネングサ……Ⅳ：69
エイザンスミレ……Ⅱ：103
エゴノキ……Ⅰ：21
エゾエノキ……Ⅲ：50
エゾオオバコ……Ⅵ：95
エゾシロネ……Ⅵ：89
エゾミソハギ……Ⅵ：65
エドヒガン……Ⅳ：76
エノキ……Ⅲ：49
エノキグサ……Ⅵ：47
エビガライチゴ……Ⅴ：63
エビヅル……Ⅵ：57
エビネ……Ⅰ：118
エヒメアヤメ……Ⅳ：116
エンシュウツリフネ……Ⅵ：52
オイランアザミ……Ⅰ：53
オウギカズラ……Ⅱ：33
オオアリドウシ……Ⅵ：85
オオアレチノギク……Ⅳ：43
オオイタビ……Ⅳ：52
オオイヌノフグリ……Ⅱ：38
オオカメノキ……Ⅳ：38
オオカラスウリ……Ⅵ：64
オオキツネノカミソリ……Ⅲ：108
オオキヌタソウ……Ⅱ：22
オオキバナカタバミ……Ⅴ：75
オオキンケイギク……Ⅵ：100
オオクマヤナギ……Ⅵ：56
オオケタデ……Ⅱ：64
オオコマユミ……Ⅲ：90
オオサクラタデ……Ⅲ：53
オオサンショウソウ……Ⅵ：18
オオシイバモチ……Ⅳ：94

オオシマノジギク……Ⅴ：106
オオシマムラサキ……Ⅲ：33
オオヂシバリ……Ⅵ：99
オオチドメ……Ⅳ：111
オオチャルメルソウ……Ⅴ：55
オオチョウジガマズミ……Ⅰ：42
オオツクバネウツギ……Ⅳ：39
オオツルコウジ……Ⅵ：74
オオツワブキ……Ⅱ：53
オオトモエソウ……Ⅴ：79
オオニシキソウ……Ⅵ：48
オオバアサガラ……Ⅵ：77
オオバウマノスズクサ……Ⅴ：18
オオバクサフジ……Ⅵ：45
オオバコ……Ⅵ：95
オオバショウマ……Ⅲ：60
オオバタネツケバナ……Ⅴ：48
オオバタンキリマメ……Ⅳ：79
オオバチドメ……Ⅵ：69
オオバナミミナグサ……Ⅳ：57
オオバナヤマサギソウ……Ⅰ：120
オオバヌスビトハギ……Ⅴ：67
オオバネムノキ……Ⅴ：66
オオバノヤエムグラ……Ⅲ：19
オオバボンテンカ……Ⅳ：100
オオバメギ……Ⅵ：31
オオバヤシャブシ……Ⅵ：15
オオバヤドリギ……Ⅱ：61
オオバライチゴ……Ⅳ：75
オオバルリミノキ……Ⅲ：22
オオハンゲ……Ⅵ：120
オオヒヨドリバナ……Ⅵ：105
オオベニウツギ……Ⅵ：97
オオマツヨイグサ……Ⅳ：109
オオミクリ……Ⅵ：121
オオムラサキシキブ……Ⅲ：31
オオヤマカタバミ……Ⅴ：74
オオヤマハコベ……Ⅳ：54
オオヤマフスマ……Ⅲ：57
オオヤマレンゲ……Ⅳ：59
オオルリソウ……Ⅵ：87
オカウコギ……Ⅵ：68
オカオグルマ……Ⅰ：45
オカダイコン……Ⅱ：49
オガタテンナンショウ……Ⅰ：110
オガタマノキ……Ⅴ：31
オカヒジキ……Ⅵ：23
オキナアサガオ……Ⅵ：86
オキナグサ……Ⅳ：61
オキナワウラジロガシ……Ⅵ：17
オキナワギク……Ⅱ：52
オキナワスズムシソウ……Ⅵ：93
オキナワスズメウリ……Ⅳ：106
オキナワチドリ……Ⅴ：118
オキナワテイカカズラ……Ⅴ：90
オキナワマツバボタン……Ⅲ：56
オグラコウホネ……Ⅴ：29
オグラセンノウ……Ⅱ：65
オケラ……Ⅵ：107
オシロイバナ……Ⅴ：27
オッタチカタバミ……Ⅴ：75
オトギリソウ……Ⅲ：63
オトコエシ……Ⅲ：39
オドリコソウ……Ⅰ：33
オナガカンアオイ……Ⅳ：63
オニカンアオイ……Ⅴ：19
オニコナスビ……Ⅰ：19
オニシバリ……Ⅳ：101
オニタビラコ……Ⅳ：41
オニドコロ……Ⅵ：116
オニノゲシ……Ⅰ：43
オニユリ……Ⅰ：97
オヘビイチゴ……Ⅴ：60
オミナエシ……Ⅲ：39
オモト……Ⅲ：107
オモロカズラ……Ⅵ：58
オヤブジラミ……Ⅰ：60
オランダフウロ……Ⅵ：46
オランダミミナグサ……Ⅳ：57

カ

カイジンドウ……Ⅱ：31
カエデドコロ……Ⅵ：116
ガガイモ……Ⅴ：91
カカツガユ……Ⅳ：52
ガガブタ……Ⅵ：83
カキツバタ……Ⅲ：111
カキドオシ……Ⅱ：28
カキバカンコノキ……Ⅲ：86
カキラン……Ⅴ：119
ガクウツギ……Ⅰ：72
カクチョウラン……Ⅴ：121
カクレミノ……Ⅳ：110
カゴメラン……Ⅰ：117
カザグルマ……Ⅴ：32
カジイチゴ……Ⅰ：80
カシノキラン……Ⅲ：120
ガジュマル……Ⅱ：60
カシワ……Ⅴ：14
カシワバハグマ……Ⅱ：50
カスミザクラ……Ⅴ：61
カタバミ……Ⅴ：74
カツラ……Ⅵ：25
カナクギノキ……Ⅱ：68
カノコソウ……Ⅱ：44
カノコユリ……Ⅰ：96
カノツメソウ……Ⅴ：83
ガマ……Ⅵ：121
ガマズミ……Ⅳ：37
カマツカ……Ⅳ：74
カヤ……Ⅲ：13
カラクサガラシ……Ⅵ：36
カラシナ……Ⅰ：68
カラスウリ……Ⅵ：63
カラスキバサンキライ……Ⅲ：103
カラスザンショウ……Ⅳ：88
カラスビシャク……Ⅵ：120
カラタチバナ……Ⅱ：14
カリガネソウ……Ⅰ：30
カワゴケソウ……Ⅵ：46
カワヂシャ……Ⅳ：32
カワラサイコ……Ⅲ：72
カワラナデシコ……Ⅱ：65
ガンクビソウ……Ⅵ：103
カンコノキ……Ⅲ：86
カンサイタンポポ……Ⅰ：47
カンザシギボウシ……Ⅵ：111
カンザブロウノキ……Ⅲ：16
ガンゼキラン……Ⅰ：114
カントウマユミ……Ⅲ：87
ギーマ……Ⅵ：73
キイレツチトリモチ……Ⅰ：91
キイロハナカタバミ……Ⅴ：75
キエビネ……Ⅰ：118
キオン……Ⅳ：49
キカシグサ……Ⅵ：65
キカラスウリ……Ⅵ：63
キガンピ……Ⅵ：60
キキョウ……Ⅰ：41
キキョウソウ……Ⅴ：105
キキョウラン……Ⅰ：101
キクタニギク……Ⅵ：101
キクバエビヅル……Ⅵ：57
キクバドコロ……Ⅵ：117
キクバヤマボクチ……Ⅳ：42
キケマン……Ⅳ：66
ギシギシ……Ⅰ：92
キジムシロ……Ⅲ：74
キショウブ……Ⅵ：118
キスミレ……Ⅴ：80
キセルアザミ……Ⅵ：102
キセワタ……Ⅰ：32
キタミソウ……Ⅱ：37

キッコウハグマ……Ⅵ：106
キヅタ……Ⅵ：68
キツネアザミ……Ⅱ：48
キツネノカミソリ……Ⅲ：108
キツネノヒマゴ……Ⅲ：36
キツネノボタン……Ⅴ：35
キツネノマゴ……Ⅲ：36
キツリフネ……Ⅴ：78
キヌタソウ……Ⅱ：22
キヌラン……Ⅲ：121
キハギ……Ⅴ：69
キハダ……Ⅳ：85
キバナチゴユリ……Ⅵ：112
キバナノショウキラン……Ⅴ：118
キバナノセッコク……Ⅱ：121
キバナノツキヌキホトトギス……Ⅲ：106
キバナノホトトギス……Ⅲ：106
キビシロタンポポ……Ⅱ：46
キビノクロウメモドキ……Ⅵ：57
キビヒトリシズカ……Ⅰ：64
キブシ……Ⅱ：104
キュウリグサ……Ⅲ：28
ギョクシンカ……Ⅲ：25
ギョボク……Ⅵ：33
キランソウ……Ⅰ：35
キリ……Ⅴ：98
キリエノキ……Ⅲ：51
キリシマシャクジョウ……Ⅰ：107
キリシマテンナンショウ……Ⅰ：111
キリシマヒゴタイ……Ⅵ：102
キリシマミズキ……Ⅲ：65
キリンソウ……Ⅱ：83
キレバチダケサシ……Ⅰ：74
キレハノブドウ……Ⅵ：59
キレンゲショウマ……Ⅰ：75
キレンゲツツジ……Ⅰ：13
キンギンソウ……Ⅲ：118
ギンゴウカン……Ⅵ：44
キンゴジカ……Ⅵ：60
キンシバイ……Ⅵ：33
キンセイラン……Ⅴ：118
キンバイザサ……Ⅰ：105
ギンバイソウ……Ⅴ：53
キンラン……Ⅰ：116
ギンラン……Ⅰ：116
ギンリョウソウ……Ⅴ：87
ギンリョウソウモドキ……Ⅴ：87
クサアジサイ……Ⅵ：37
クサイチゴ……Ⅴ：63
クサタチバナ……Ⅵ：84
クサノオウ……Ⅴ：44
クサボケ……Ⅱ：90
クサレダマ……Ⅵ：75
クズ……Ⅳ：77
クスノキ……Ⅵ：26
クソエンドウ……Ⅲ：81
クチナシ……Ⅴ：102
クチナシグサ……Ⅳ：33
クヌギ……Ⅵ：17
クマガイソウ……Ⅵ：123
クマガワブドウ……Ⅵ：58
クマガワリンドウ……Ⅳ：20
クマシデ……Ⅴ：13
クマタケラン……Ⅲ：112
クマツヅラ……Ⅰ：31
クマノギク……Ⅲ：45
クマノダケ……Ⅳ：113
クマノミズキ……Ⅴ：86
クモキリソウ……Ⅴ：119
クララ……Ⅲ：80
クリ……Ⅵ：17
クリンユキフデ……Ⅴ：23
クルマバナ……Ⅳ：24
クルマムグラ……Ⅵ：84
クロイゲ……Ⅵ：56
クロガネモチ……Ⅳ：93
クロカミトウキ……Ⅳ：112
クロカミラン……Ⅳ：120
クロキ……Ⅳ：18
クロヅル……Ⅴ：76
クロバイ……Ⅵ：78
クロミノオキナワスズメウリ……Ⅳ：106
クロミノサワフタギ……Ⅵ：77
クロヤツシロラン……Ⅵ：122
クワイバカンアオイ……Ⅴ：20
クワガタソウ……Ⅱ：37
クワクサ……Ⅵ：18
クワズイモ……Ⅵ：120
クワノハエノキ……Ⅲ：50
グンバイヒルガオ……Ⅱ：23
ケイビラン……Ⅰ：101
ケカラスウリ……Ⅵ：64
ケキツネノボタン……Ⅴ：35
ケクロモジ……Ⅴ：30
ゲッキツ……Ⅲ：84
ゲットウ……Ⅲ：112
ケツメクサ……Ⅲ：56
ケテイカカズラ……Ⅰ：22
ケハンショウヅル……Ⅵ：30
ケフシグロ……Ⅲ：58
ケマルバスミレ……Ⅳ：102
ケラマツツジ……Ⅳ：13
ゲンカイイワレンゲ……Ⅰ：67
ゲンカイツツジ……Ⅵ：72
ゲンノショウコ……Ⅳ：81
ケンポナシ……Ⅵ：55
コウツギ……Ⅰ：70
コウホネ……Ⅴ：29
コウヤボウキ……Ⅵ：108
コウヤマキ……Ⅵ：14
コウライトモエソウ……Ⅴ：79
コオニタビラコ……Ⅳ：41
コオニユリ……Ⅰ：97
コガクウツギ……Ⅰ：72
コガネネコノメソウ……Ⅱ：85
コガマ……Ⅵ：121
コカモメヅル……Ⅵ：83
コカラスザンショウ……Ⅳ：87
コギシギシ……Ⅵ：20
ゴキヅル……Ⅳ：104
コキンバイザサ……Ⅰ：105
コクサギ……Ⅵ：50
コクテンギ……Ⅳ：98
コクラン……Ⅴ：117
コクワガタ……Ⅱ：37
コケイラン……Ⅴ：121
コケオトギリ……Ⅵ：32
コケミズ……Ⅴ：16
コケモモ……Ⅱ：12
コケリンドウ……Ⅵ：82
コゴメイワガサ……Ⅳ：71
コゴメウツギ……Ⅵ：41
コジイ……Ⅲ：46
コシオガマ……Ⅵ：91
コショウノキ……Ⅵ：61
コシロネ……Ⅵ：89
コシロノセンダングサ……Ⅵ：104
コスミレ……Ⅲ：95
コチャルメルソウ……Ⅴ：56
コツクバネウツギ……Ⅳ：40
コナスビ……Ⅰ：18
コナミキ……Ⅳ：26
コナラ……Ⅴ：14
コニシキソウ……Ⅳ：84
コバギボウシ……Ⅵ：111
コハクウンボク……Ⅵ：76
コバナツルウリクサ……Ⅰ：28
コバノガマズミ……Ⅳ：36
コバノクロウメモドキ……Ⅵ：54
コバノクロヅル……Ⅴ：76
コバノタツナミ……Ⅱ：27

コバノチョウセンエノキ……Ⅲ：49
コバフンギ……Ⅲ：51
コヒルガオ……Ⅴ：94
コフウロ……Ⅳ：82
コブシ……Ⅳ：60
ゴマギ……Ⅳ：37
コマツナギ……Ⅳ：80
コマツヨイグサ……Ⅳ：108
ゴマノハグサ……Ⅳ：32
コマユミ……Ⅲ：90
コミカンソウ……Ⅱ：99
コミネカエデ……Ⅵ：51
コミヤマカタバミ……Ⅴ：74
コミヤマスミレ……Ⅳ：102
コミヤマミズ……Ⅵ：19
コムラサキ……Ⅲ：30
コメツブツメクサ……Ⅵ：42
コメナモミ……Ⅵ：110
コモウセンゴケ……Ⅵ：32
コモチナデシコ……Ⅵ：22
コモチマンネングサ……Ⅳ：69
コヤブタバコ……Ⅵ：104
コヤブデマリ……Ⅱ：41
コヨメナ……Ⅳ：45
コンロンカ……Ⅲ：26
コンロンソウ……Ⅴ：47

サ

サイコクイボタ……Ⅵ：79
サイコクイワギボウシ……Ⅰ：100
サイハイラン……Ⅲ：114
サイヨウシャジン……Ⅲ：41
サカキ……Ⅴ：42
サカキカズラ……Ⅴ：90
サギゴケ……Ⅵ：92
サキシマフヨウ……Ⅲ：92
サギソウ……Ⅳ：121
サクラスミレ……Ⅵ：62
サクラソウ……Ⅰ：17
サクラタデ……Ⅲ：54
サクラツツジ……Ⅲ：14
サクララン……Ⅴ：91
ササバギンラン……Ⅳ：119
サザンカ……Ⅱ：79
サジガンクビソウ……Ⅵ：103
サダソウ……Ⅲ：62
サツキ……Ⅳ：15
サツマイナモリ……Ⅰ：27
サツマサンキライ……Ⅲ：103
サツマスズメウリ……Ⅳ：105
サツマノギク……Ⅰ：49
サツマハギ……Ⅴ：69
サツママンネングサ……Ⅲ：67
サツマルリミノキ……Ⅲ：20
サネカズラ……Ⅴ：31
サバノオ……Ⅱ：71
サフランモドキ……Ⅲ：110
サラシナショウマ……Ⅲ：60
ザリコミ……Ⅲ：69
サルトリイバラ……Ⅱ：108
サルナシ……Ⅴ：41
サルメンエビネ……Ⅴ：120
サワオグルマ……Ⅰ：45
サワギキョウ……Ⅵ：98
サワギク……Ⅳ：50
サワゼリ……Ⅴ：84
サワトウガラシ……Ⅴ：100
サワハコベ……Ⅳ：54
サワフタギ……Ⅵ：78
サワルリソウ……Ⅵ：87
サンインギク……Ⅴ：106
サンインヤマトリカブト……Ⅰ：61
サンカクヅル……Ⅵ：57
サンコカンアオイ……Ⅴ：20
サンゴジュ……Ⅵ：96
サンショウ……Ⅳ：86
サンショウソウ……Ⅵ：18
シイモチ……Ⅳ：94
シオガマギク……Ⅵ：91
シオジ……Ⅵ：79
シオデ……Ⅲ：102
シオン……Ⅳ：44
ジガバチソウ……Ⅴ：117
シキミ……Ⅱ：66
シギンカラマツ……Ⅴ：34
シコクシモツケソウ……Ⅵ：40
シコクスミレ……Ⅵ：62
シコクチャルメルソウ……Ⅴ：57
シコクハタザオ……Ⅱ：82
シコクフウロ……Ⅵ：82
［注］ツクシフウロを訂正
シコクフクジュソウ……Ⅴ：38
シコクママコナ……Ⅵ：92
シシアクチ……Ⅵ：74
シソバタツナミソウ……Ⅱ：26
シタキソウ……Ⅲ：18
シチメンソウ……Ⅵ：23
シデシャジン……Ⅴ：103
シナノガキ……Ⅵ：76
シナノキ……Ⅲ：91
シナヤブコウジ……Ⅱ：14
シノノメソウ……Ⅵ：81
シハイスミレ……Ⅳ：102
シバナ……Ⅴ：112
シバネム……Ⅰ：81
シバハギ……Ⅰ：81
シマイズセンリョウ……Ⅰ：15
シマウリカエデ……Ⅱ：101
シマエンジュ……Ⅴ：70
シマカンギク……Ⅰ：48
シマキケマン……Ⅴ：46
シマキツネノボタン……Ⅵ：27
シマコウヤボウキ……Ⅵ：108
シマサルスベリ……Ⅲ：96
シマシュスラン……Ⅱ：118
シマツユクサ……Ⅱ：114
シマニシキソウ……Ⅵ：48
シマバライチゴ……Ⅳ：73
シマヒメタデ……Ⅴ：24
シマフジバカマ……Ⅵ：105
シマミサオノキ……Ⅲ：24
シマミズ……Ⅴ：16
シマモクセイ……Ⅵ：79
シムラニンジン……Ⅴ：83
シモツケ……Ⅵ：42
シモツケソウ……Ⅵ：40
シモバシラ……Ⅱ：36
シャガ……Ⅳ：117
シャクチリソバ……Ⅵ：21
ジャコウソウ……Ⅰ：34
ジャニンジン……Ⅵ：35
シャラノキ……Ⅴ：43
シャリンバイ……Ⅲ：77
シュウメイギク……Ⅴ：32
ジュズネノキ……Ⅵ：85
シュスラン……Ⅱ：119
ジュンサイ……Ⅱ：75
シュンラン……Ⅰ：121
ショウキズイセン……Ⅰ：106
ショウキラン……Ⅴ：118
ショウブ……Ⅴ：113
ショウベンノキ……Ⅵ：54
ショウロウクサギ……Ⅳ：23
ショウブ……Ⅴ：113
シライトソウ……Ⅳ：115
シラカシ……Ⅱ：58
シラゲヒメジソ……Ⅵ：89
シラタマカズラ……Ⅱ：21
シラネセンキュウ……Ⅵ：71
シラヒゲソウ……Ⅵ：38
シラン……Ⅲ：114
シリブカガシ……Ⅲ：47
シロイヌナズナ……Ⅵ：36

シロシャクジョウ …………Ⅰ：107
シロダモ……………………………Ⅱ：68
シロツメクサ………………………Ⅴ：72
シロネ………………………………Ⅴ：96
シロバナサクラタデ…………Ⅲ：54
シロバナタツナミソウ………Ⅱ：27
シロバナタンポポ……………Ⅰ：46
シロバナハンショウヅル……Ⅱ：70
シロバナマンテマ……………Ⅵ：22
シロバナミヤコグサ…………Ⅰ：83
ジロボウエンゴサク…………Ⅵ：34
シロミヤブコウジ……………Ⅱ：15
シロモジ……………………………Ⅵ：25
シンジュ……………………………Ⅲ：85
スイカズラ…………………………Ⅳ：35
スイセン ……………………Ⅴ：116
スイバ………………………………Ⅰ：92
スズコウジュ………………………Ⅱ：29
スズシロソウ………………………Ⅵ：36
スズムシバナ………………………Ⅰ：37
スズメウリ ……………………Ⅳ：105
スズラン ……………………Ⅴ：115
スダジイ……………………………Ⅲ：46
スベリヒユ…………………………Ⅲ：55
ズミ…………………………………Ⅵ：39
スミレ………………………………Ⅲ：94
セイタカアワダチソウ………Ⅲ：44
セイタカナミキソウ…………Ⅳ：25
セイヨウアブラナ……………Ⅰ：68
セイヨウタンポポ……………Ⅰ：47
セイヨウノコギリソウ………Ⅳ：51
セイヨウヒルガオ……………Ⅴ：93
セキショウ ……………………Ⅴ：113
セッコク ……………………Ⅱ：121
セリ…………………………………Ⅴ：82
セリバオウレン……………………Ⅴ：33
センダイソウ………………………Ⅱ：87
センダン……………………………Ⅰ：85
センダングサ ………………Ⅵ：104
センブリ……………………………Ⅵ：82
センボンヤリ………………………Ⅲ：43
センリョウ…………………………Ⅱ：76
ソナレノギク ………………Ⅵ：101
ソナレムグラ………………………Ⅱ：21
ソバナ………………………………Ⅲ：40
ソヨゴ………………………………Ⅳ：93

タ

タイトゴメ…………………………Ⅳ：68
タイミンタチバナ……………Ⅰ：16
ダイモンジソウ……………………Ⅴ：54
タイワンアサガオ……………Ⅵ：86
タイワントリアシ……………Ⅴ：17
タカクマホトトギス ………Ⅰ：103
タカクマムラサキ……………Ⅲ：33
タカサゴソウ………………………Ⅱ：46
タカサゴユリ ………………Ⅲ：104
タカサブロウ ………………Ⅴ：109
タカチホガラシ……………………Ⅴ：48
タカトウダイ………………………Ⅳ：83
タカネハンショウヅル………Ⅵ：30
タカネマンネングサ…………Ⅲ：68
タガラシ……………………………Ⅴ：36
タコノアシ…………………………Ⅴ：53
タチイヌノフグリ……………Ⅱ：38
タチゲヒカゲミズ……………Ⅴ：16
タチシオデ ………………Ⅲ：102
タチスミレ…………………………Ⅴ：80
タチチチコグサ ……………Ⅴ：111
タチツボスミレ……………………Ⅴ：81
タチネコノメソウ……………Ⅵ：38
タチハコベ…………………………Ⅳ：56
タチバナ……………………………Ⅵ：50
タチフウロ…………………………Ⅳ：81
タツナミソウ………………………Ⅱ：27
タニギキョウ………………………Ⅰ：40
タニジャコウソウ……………Ⅰ：34
タニタデ……………………………Ⅵ：67
タニワタリノキ……………………Ⅵ：84
タヌキアヤメ ………………Ⅰ：108
タヌキマメ…………………………Ⅱ：97
タネツケバナ………………………Ⅴ：48
タマガワホトトギス ………Ⅰ：102
タマザキヤマビワソウ………Ⅵ：94
タマスダレ ………………Ⅲ：110
タマミズキ…………………………Ⅵ：53
タムシバ……………………………Ⅳ：60
タムラソウ ………………Ⅵ：102
タラヨウ……………………………Ⅳ：92
ダルマエビネ ………………Ⅲ：115
ダルマギク…………………………Ⅰ：55
ダンギク……………………………Ⅰ：31
タンキリマメ………………………Ⅳ：79
タンゲブ……………………………Ⅵ：98
ダンドク ……………………Ⅲ：113
タンナサワフタギ……………Ⅵ：78
チダケサシ…………………………Ⅰ：74
チドメグサ ………………Ⅳ：111
チドリノキ…………………………Ⅵ：51
チャ…………………………………Ⅴ：42
チャノキ……………………………Ⅴ：42
チャボツメレンゲ……………Ⅳ：68
チャボホトトギス …………Ⅵ：114
チャルメルソウ……………………Ⅴ：55
チョウジガマズミ……………Ⅰ：42
チョウジソウ………………………Ⅰ：23
チョウセンカメバソウ………Ⅰ：28
チョウセンノギク …………Ⅵ：101
チョウセンヤマニガナ ……Ⅵ：100
チョクザキミズ……………………Ⅴ：16
ツガ…………………………………Ⅲ：12
ツキヌキオトギリ……………Ⅲ：63
ツクシアカショウマ…………Ⅴ：50
ツクシアザミ ………………Ⅴ：108
ツクシイヌツゲ……………………Ⅵ：52
ツクシイバラ………………………Ⅰ：78
ツクシイワシャジン…………Ⅵ：98
ツクシウツギ………………………Ⅰ：71
[マルバウツギを上名に訂正]
ツクシカシワバハグマ………Ⅱ：50
ツクシカラマツ……………………Ⅵ：29
ツクシキケマン……………………Ⅳ：66
ツクシクサボタン……………Ⅵ：28
ツクシコウモリソウ…………Ⅳ：48
ツクシコゴメグサ……………Ⅵ：92
ツクシコバノミツバツツジ
……………………………………Ⅵ：72
ツクシサイコ………………………Ⅵ：71
ツクシシオガマ……………………Ⅵ：91
ツクシシャクナゲ……………Ⅳ：16
ツクシショウジョウバカマ
…………………………………Ⅱ：109
ツクシスミレ ………………Ⅳ：103
ツクシタツナミソウ…………Ⅱ：26
ツクシタニギキョウ…………Ⅰ：40
ツクシタンポポ……………………Ⅰ：46
ツクシチャルメルソウ………Ⅴ：56
ツクシドウダン……………………Ⅴ：89
ツクシトラノオ……………………Ⅰ：36
ツクシトリカブト……………Ⅵ：28
ツクシネコノメソウ…………Ⅱ：85
ツクシヒトツバテンナンショウ
…………………………………Ⅲ：100
ツクシビャクシン……………Ⅴ：12
ツクシフウロ………………………Ⅵ：46
[注] Ⅳ：82はシコクフウロに訂正
ツクシボウフウ……………………Ⅴ：84
ツクシマムシグサ …………Ⅲ：100
ツクシムレスズメ……………Ⅵ：44
ツクシメナモミ ……………Ⅵ：110
ツクシヤマザクラ……………Ⅱ：89
ツクバネ……………………………Ⅴ：21
ツクバネウツギ……………………Ⅵ：96

ツクバネガシ……Ⅱ：56
ツゲモチ……Ⅳ：95
ツタ……Ⅵ：59
ツタバウンラン……Ⅳ：33
ツチアケビ……Ⅰ：113
ツチグリ……Ⅲ：73
ツチトリモチ……Ⅰ：91
ツブラジイ……Ⅲ：46
ツボクサ……Ⅵ：69
ツボスミレ……Ⅴ：81
ツボミオオバコ……Ⅵ：95
ツメクサ……Ⅳ：58
ツメレンゲ……Ⅰ：66
ツユクサ……Ⅱ：113
ツリガネニンジン……Ⅲ：41
ツリフネソウ……Ⅴ：78
ツルアリドオシ……Ⅵ：84
ツルウメモドキ……Ⅵ：53
ツルガシワ……Ⅰ：25
ツルカノコソウ……Ⅱ：45
ツルギキョウ……Ⅱ：43
ツルキジムシロ……Ⅴ：60
ツルグミ……Ⅵ：61
ツルコウジ……Ⅱ：15
ツルコウゾ……Ⅰ：89
ツルシキミ……Ⅱ：100
ツルソバ……Ⅱ：62
ツルナ……Ⅰ：94
ツルニガクサ……Ⅱ：30
ツルニンジン……Ⅴ：104
ツルボ……Ⅳ：115
ツルマオ……Ⅵ：19
ツルマサキ……Ⅳ：97
ツルマメ……Ⅱ：95
ツルマンネングサ……Ⅳ：68
ツルモウリンカ……Ⅰ：24
ツルラン……Ⅲ：116
ツルリンドウ……Ⅳ：20
ツレサギソウ……Ⅵ：123
ツワブキ……Ⅱ：53
テイカカズラ……Ⅰ：22
テッポウユリ……Ⅲ：104
テリハアカショウマ……Ⅴ：49
テリハアザミ……Ⅴ：108
テリハツルウメモドキ……Ⅵ：53
テリハノイバラ……Ⅰ：77
テンダイウヤク……Ⅴ：30
テンノウメ……Ⅳ：72
トウカテンソウ……Ⅴ：16
トウギボウシ……Ⅵ：111
トウゴクサバノオ……Ⅱ：71
トウダイグサ……Ⅳ：83
ドウダンツツジ……Ⅴ：89
トウバナ……Ⅳ：28
トウワタ……Ⅱ：20
トカラアジサイ……Ⅳ：70
トカラカンアオイ……Ⅳ：65
トキワガキ……Ⅳ：17
トキワカモメヅル……Ⅳ：21
トキワハゼ……Ⅵ：92
トキワマンサク……Ⅴ：58
ドクゼリ……Ⅴ：82
ドクダミ……Ⅰ：87
トゲミノキツネノボタン……Ⅴ：37
トサチャルメルソウ……Ⅴ：57
トチノキ……Ⅱ：102
トチバニンジン……Ⅳ：110
トベラ……Ⅲ：70
トリガタハンショウヅル……Ⅵ：29

ナ

ナガエコミカンソウ……Ⅵ：48
ナガサキオトギリ……Ⅵ：33
ナガバジュズネノキ……Ⅵ：85
ナガバノコウヤボウキ……Ⅵ：108
ナガバノスミレサイシン……Ⅵ：62
ナガバノヤノネグサ……Ⅵ：21
ナガバヤブマオ……Ⅴ：17
ナガボノウルシ……Ⅲ：38
ナガボノワレモコウ……Ⅱ：92
ナガミノツルケマン……Ⅴ：44
ナガミヒナゲシ……Ⅰ：63
ナガミボチョウジ……Ⅴ：102
ナギ……Ⅵ：14
ナギラン……Ⅲ：119
ナゴラン……Ⅴ：117
ナズナ……Ⅵ：35
ナツエビネ……Ⅴ：120
ナツツバキ……Ⅴ：43
ナツトウダイ……Ⅳ：83
ナツハゼ……Ⅵ：73
ナツフジ……Ⅵ：44
ナナミノキ……Ⅳ：96
ナニワイバラ……Ⅳ：72
ナベナ……Ⅵ：93
ナミキソウ……Ⅳ：25
ナメラダイモンジソウ……Ⅴ：54
ナルトサワギク……Ⅱ：54
ナワシログミ……Ⅰ：58
ナンカイギボウシ……Ⅱ：110
ナンキンナナカマド……Ⅴ：65
ナンゴクアオキ……Ⅴ：85
ナンゴクウラシマソウ……Ⅱ：115
ナンゴクヤマラッキョウ……Ⅰ：104
ナンジャモンジャ……Ⅱ：17
ナンテンハギ……Ⅱ：96
ナンバンハコベ……Ⅳ：56
ニオイタデ……Ⅱ：63
ニガイチゴ……Ⅴ：64
ニガカシュウ……Ⅵ：117
ニガキ……Ⅲ：85
ニガクサ……Ⅱ：30
ニガナ……Ⅵ：99
ニシキギ……Ⅲ：89
ニシキゴロモ……Ⅴ：95
ニョイスミレ……Ⅴ：81
ニラバラン……Ⅲ：118
ニリンソウ……Ⅲ：59
ニワウルシ……Ⅲ：85
ニワゼキショウ……Ⅵ：118
ニワトコ……Ⅵ：97
ニワフジ……Ⅲ：83
ヌカボタデ……Ⅴ：24
ヌマゼリ……Ⅴ：84
ヌマトラノオ……Ⅵ：75
ネコノシタ……Ⅲ：45
ネコノチチ……Ⅵ：55
ネジキ……Ⅵ：73
ネジバナ……Ⅰ：119
ネズ……Ⅳ：12
ネズミサシ……Ⅳ：12
ネズミモチ……Ⅴ：92
ネムノキ……Ⅴ：66
ノアサガオ……Ⅰ：26
ノアザミ……Ⅰ：54
ノアズキ……Ⅴ：68
ノイバラ……Ⅰ：78
ノウルシ……Ⅵ：47
ノカラマツ……Ⅴ：34
ノギラン……Ⅳ：115
ノグルミ……Ⅵ：16
ノササゲ……Ⅲ：82
ノジアオイ……Ⅵ：60
ノジギク……Ⅰ：48
ノジスミレ……Ⅲ：95
ノダケ……Ⅵ：70
ノチドメ……Ⅳ：111
ノハナショウブ……Ⅲ：111
ノハラツメクサ……Ⅵ：22
ノヒメユリ……Ⅵ：115
ノブドウ……Ⅵ：59
ノボタン……Ⅲ：98
ノボロギク……Ⅳ：50

ノマアザミ……Ⅰ：54
ノミノツヅリ……Ⅳ：58
ノミノフスマ……Ⅳ：58
ノリウツギ……Ⅳ：70

ハ

バアソブ……Ⅴ：104
ハイイヌガヤ……Ⅲ：13
バイカアマチャ……Ⅰ：69
バイカイカリソウ……Ⅴ：39
バイカウツギ……Ⅴ：52
バイカツツジ……Ⅰ：12
ハイサバノオ……Ⅵ：27
ハイニシキソウ……Ⅳ：84
ハイノキ……Ⅲ：15
ハイヒカゲツツジ……Ⅵ：72
ハウチワノキ……Ⅰ：56
ハガクレツリフネ……Ⅵ：52
ハキダメギク……Ⅴ：106
ハクウンボク……Ⅰ：20
ハクウンラン……Ⅱ：120
ハクサンボク……Ⅱ：42
バクチノキ……Ⅲ：76
ハグロソウ……Ⅲ：37
ハコベ……Ⅳ：55
ハゴロモヒカゲミツバ……Ⅵ：71
ハシナガヤマサギソウ……Ⅵ：123
ハシリドコロ……Ⅲ：35
ハスノハカズラ……Ⅴ：40
ハダカホオズキ……Ⅳ：30
ハタザオ……Ⅱ：81
ハチジョウイチゴ……Ⅰ：80
ハチジョウキブシ……Ⅱ：105
ハチジョウシュスラン……Ⅵ：122
ハッカ……Ⅳ：29
ハツシマカンアオイ……Ⅴ：19
ハナイカダ……Ⅴ：85
ハナイバナ……Ⅲ：28
ハナガサノキ……Ⅴ：101
ハナカズラ……Ⅰ：61
ハナタデ……Ⅴ：24
ハナミョウガ……Ⅵ：119
ハハコグサ……Ⅴ：111
ハバヤマボクチ……Ⅳ：42
ハマウツボ……Ⅱ：40
ハマエンドウ……Ⅳ：77
ハマオモト……Ⅲ：109
ハマカンゾウ……Ⅵ：113
ハマキイチゴ……Ⅳ：73
ハマクサギ……Ⅲ：29
ハマグルマ……Ⅲ：45
ハマゴウ……Ⅱ：25
ハマサルトリイバラ……Ⅱ：108
ハマジンチョウ……Ⅰ：39
ハマセンダン……Ⅳ：85
ハマチドメ……Ⅳ：111
ハマツメクサ……Ⅳ：58
ハマトラノオ……Ⅰ：37
ハマナタマメ……Ⅰ：84
ハマナデシコ……Ⅰ：95
ハマハタザオ……Ⅱ：81
ハマヒルガオ……Ⅱ：23
ハマビワ……Ⅱ：67
ハマボウ……Ⅰ：57
ハマボウフウ……Ⅵ：69
ハマボッス……Ⅱ：16
ハママツナ……Ⅵ：23
ハママンネングサ……Ⅲ：68
ハマユウ……Ⅲ：109
バライチゴ……Ⅳ：75
ハラン……Ⅵ：115
ハリエンジュ……Ⅵ：43
ハルザキヤマガラシ……Ⅵ：35
ハルジオン……Ⅱ：51
ハルトラノオ……Ⅵ：21
ハルノタムラソウ……Ⅱ：34
ハルノノゲシ……Ⅰ：43
ハルリンドウ……Ⅵ：82
ハンカイソウ……Ⅰ：50
ハンゲショウ……Ⅰ：87
ヒオウギ……Ⅳ：118
ヒカゲミツバ……Ⅵ：71
ヒガンバナ……Ⅰ：106
ヒキオコシ……Ⅲ：34
ヒキヨモギ……Ⅵ：91
ヒゴアオキ……Ⅴ：85
ヒゴイカリソウ……Ⅴ：39
ヒコサンヒメシャラ……Ⅴ：43
ヒゴシオン……Ⅳ：44
ヒゴスミレ……Ⅱ：103
ヒゴタイ……Ⅰ：52
ヒゴミズキ……Ⅲ：64
ヒサカキ……Ⅴ：42
ヒゼンマユミ……Ⅲ：88
ヒツジグサ……Ⅱ：74
ハトツバタゴ……Ⅱ：17
ヒトツボクロ……Ⅰ：119
ヒトヨシテンナンショウ……Ⅱ：117
ヒトリシズカ……Ⅰ：64
ヒナギキョウ……Ⅰ：41
ヒナキキョウソウ……Ⅴ：105
ヒナスミレ……Ⅴ：80
ヒナノカンザシ……Ⅳ：89
ヒナノキンチャク……Ⅳ：89
ヒナノシャクジョウ……Ⅰ：107
ヒノキ……Ⅳ：12
ヒノキバヤドリギ……Ⅱ：61
ヒメアメリカアゼナ……Ⅴ：99
ヒメイズイ……Ⅴ：114
ヒメイタビ……Ⅳ：52
ヒメウズ……Ⅵ：27
ヒメウツギ……Ⅰ：71
ヒメウマノミツバ……Ⅱ：107
ヒメウラシマソウ……Ⅱ：115
ヒメエンゴサク……Ⅵ：34
ヒメオドリコソウ……Ⅰ：33
ヒメガマ……Ⅵ：121
ヒメガンクビソウ……Ⅵ：103
ヒメキセワタ……Ⅳ：29
ヒメキランソウ……Ⅰ：35
ヒメクズ……Ⅴ：68
ヒメクマヤナギ……Ⅵ：56
ヒメケフシグロ……Ⅲ：58
ヒメコウゾ……Ⅰ：88
ヒメコナスビ……Ⅰ：18
ヒメシオン……Ⅴ：110
ヒメシャガ……Ⅳ：116
ヒメシャラ……Ⅴ：43
ヒメジョオン……Ⅱ：51
ヒメシロアサザ……Ⅱ：19
ヒメシロネ……Ⅴ：96
ヒメスイカズラ……Ⅳ：35
ヒメスイバ……Ⅵ：20
ヒメスミレ……Ⅲ：94
ヒメセンナリホオズキ……Ⅴ：97
ヒメタムラソウ……Ⅱ：34
ヒメチドメ……Ⅳ：111
ヒメツバキ……Ⅱ：80
ヒメツルソバ……Ⅱ：62
ヒメドコロ……Ⅵ：117
ヒメナエ……Ⅵ：80
ヒメナベワリ……Ⅵ：118
ヒメナミキ……Ⅳ：26
ヒメノダケ……Ⅵ：70
ヒメノハギ……Ⅰ：81
ヒメノボタン……Ⅲ：98
ヒメバイカモ……Ⅵ：29
ヒメハギ……Ⅵ：50
ヒメハマナデシコ……Ⅰ：95
ヒメバライチゴ……Ⅵ：41
ヒメヒオウギズイセン……Ⅳ：118
ヒメフウロ……Ⅴ：73
ヒメフタバラン……Ⅳ：121

ヒメマツバボタン……Ⅲ：56
ヒメミカンソウ……Ⅱ：99
ヒメムカシヨモギ……Ⅳ：43
ヒメユズリハ……Ⅵ：49
ヒメユリ……Ⅵ：113
ヒメレンゲ……Ⅵ：38
ヒュウガギボウシ……Ⅱ：110
ヒュウガトウキ……Ⅳ：113
ヒヨドリジョウゴ……Ⅵ：90
ヒルガオ……Ⅴ：94
ヒレアザミ……Ⅱ：48
ヒレタゴボウ……Ⅳ：107
ヒレフリカラマツ……Ⅵ：29
ビロードムラサキ……Ⅲ：32
ヒロハコンロンカ……Ⅲ：27
ヒロハテンナンショウ……Ⅲ：101
ヒロハノカラン……Ⅲ：115
ヒロハノレンリソウ……Ⅴ：71
ヒロハヘビノボラズ……Ⅵ：31
ヒロハマツナ……Ⅵ：23
フウトウカズラ……Ⅲ：62
フウラン……Ⅴ：117
フウロケマン……Ⅴ：45
フカノキ……Ⅰ：59
フキ……Ⅱ：53
フクド……Ⅵ：108
ブクリョウサイ……Ⅳ：46
フサアカシヤ……Ⅵ：43
フサザクラ……Ⅵ：25
フジ……Ⅳ：78
フジキ……Ⅲ：78
フシグロ……Ⅲ：58
フシグロセンノウ……Ⅳ：53
フシノハアワブキ……Ⅴ：77
フタバアオイ……Ⅳ：64
フタリシズカ……Ⅰ：65
フデリンドウ……Ⅵ：82
ブナ……Ⅵ：16
フナシミヤマウズラ……Ⅱ：118
フナバラソウ……Ⅳ：21
フモトスミレ……Ⅴ：80
フユイチゴ……Ⅴ：62
フユザンショウ……Ⅳ：86
フラサバソウ……Ⅱ：39
ブンゴウツギ……Ⅰ：71
ヘクソカズラ……Ⅴ：101
ヘツカコナスビ……Ⅰ：18
ヘツカラン……Ⅳ：119
ヘツカリンドウ……Ⅲ：17
ベニシュスラン……Ⅱ：119
ベニドウダン……Ⅴ：89
ベニバナニシキウツギ……Ⅵ：97
ベニバナヤマシャクヤク……Ⅴ：40
ヘビイチゴ……Ⅲ：71
ヘラオオバコ……Ⅵ：95
ヘラノキ……Ⅲ：91
ホウチャクソウ……Ⅰ：99
ホウライカズラ……Ⅵ：80
ホウロクイチゴ……Ⅴ：62
ホオノキ……Ⅳ：59
ホウライツユクサ……Ⅱ：114
ボウラン……Ⅲ：119
ホクチアザミ……Ⅴ：107
ホザキキカシグサ……Ⅵ：65
ホザキキケマン……Ⅴ：46
ホシアサガオ……Ⅴ：94
ホソバウマノスズクサ……Ⅴ：18
ホソバオグルマ……Ⅵ：100
ホソバタブ……Ⅵ：26
ホソバナコバイモ……Ⅵ：112
ホソバノウナギツカミ……Ⅴ：22
ホソバノハマアカザ……Ⅴ：26
ホソバハグマ……Ⅵ：106
ホソバワダン……Ⅰ：44
ホタルカズラ……Ⅱ：24
ホタルブクロ……Ⅲ：42
ボタンヅル……Ⅵ：30
ボチョウジ……Ⅲ：23
ホテイアオイ……Ⅱ：112
ホドイモ……Ⅵ：45
ホトケノザ……Ⅱ：28
ホトトギス……Ⅵ：114
ホルトノキ……Ⅳ：99
ボロボロノキ……Ⅲ：52
ホンゴウソウ……Ⅴ：112
ボンテンカ……Ⅳ：100
ボントクタデ……Ⅰ：93

マ

マイヅルソウ……Ⅴ：115
マイヅルテンナンショウ…Ⅳ：114
マキエハギ……Ⅵ：45
マサキ……Ⅳ：97
マダイオウ……Ⅴ：25
マタタビ……Ⅴ：41
マタデ……Ⅵ：20
マツカゼソウ……Ⅵ：49
マツバウンラン……Ⅴ：98
マツバニンジン……Ⅵ：46
マツムシソウ……Ⅵ：93
マツモトセンノウ……Ⅳ：53
マツヨイグサ……Ⅳ：109
マテバシイ……Ⅲ：47
ママコノシリヌグイ……Ⅴ：22
マムシグサ……Ⅱ：116
マメアサガオ……Ⅴ：93
マメザクラ……Ⅳ：76
マヤラン……Ⅳ：120
マユミ……Ⅲ：87
マルバアオダモ……Ⅳ：19
マルバアメリカアサガオ……Ⅵ：86
マルバウツギ……Ⅵ：39
マルバグミ……Ⅰ：58
マルバコンロンソウ……Ⅴ：47
マルバサツキ……Ⅳ：15
マルバサンキライ……Ⅵ：112
マルバツユクサ……Ⅱ：113
マルバテイショウソウ……Ⅵ：106
マルバノホロシ……Ⅵ：90
マルバハダカホオズキ……Ⅳ：30
マルバマンネングサ……Ⅲ：67
マルバルリミノキ……Ⅲ：21
マルミノヤマゴボウ……Ⅴ：28
マンサク……Ⅴ：58
マンテマ……Ⅵ：22
マンリョウ……Ⅱ：13
ミサオノキ……Ⅳ：22
ミズアオイ……Ⅱ：111
ミズオトギリ……Ⅴ：79
ミズキ……Ⅴ：86
ミズキンバイ……Ⅵ：69
ミズタガラシ……Ⅵ：37
ミズタビラコ……Ⅱ：24
ミズタマソウ……Ⅵ：67
ミズチドリ……Ⅰ：120
ミズトラノオ……Ⅵ：88
ミズトンボ……Ⅰ：115
ミズネコノオ……Ⅵ：88
ミズヒキ……Ⅴ：25
ミズヒマワリ……Ⅵ：109
ミスミソウ……Ⅴ：33
ミズメ……Ⅵ：15
ミゾカクシ……Ⅴ：105
ミゾコウジュ……Ⅵ：88
ミソナオシ……Ⅴ：67
ミゾホオズキ……Ⅴ：100
ミチノクフクジュソウ……Ⅴ：38
ミチヤナギ……Ⅴ：23
ミツガシワ……Ⅱ：18
ミツデカエデ……Ⅳ：90
ミツバ……Ⅱ：106
ミツバアケビ……Ⅴ：29
ミツバウツギ……Ⅵ：54

ミツバコンロンソウ……Ⅴ：47
ミツバツチグリ……Ⅲ：75
ミツバテンナンショウ ……Ⅲ：101
ミツバビンボウヅル……Ⅵ：58
ミツバベンケイソウ……Ⅱ：84
ミツマタ ……Ⅳ：101
ミツモトソウ……Ⅴ：59
ミドリハカタカラクサ ……Ⅵ：119
ミドリハコベ……Ⅳ：55
ミドリヨウラク……Ⅰ：99
ミミカキグサ……Ⅵ：94
ミミズバイ……Ⅳ：18
ミミナグサ……Ⅳ：57
ミヤコイバラ……Ⅰ：76
ミヤコグサ……Ⅰ：83
ミヤマウグイスカグラ……Ⅵ：96
ミヤマウズラ ……Ⅱ：118
ミヤマガマズミ……Ⅳ：36
ミヤマキリシマ……Ⅳ：14
ミヤマコナスビ……Ⅰ：19
ミヤマザクラ……Ⅰ：79
ミヤマシキミ ……Ⅱ：100
ミヤマタニタデ……Ⅵ：67
ミヤマチドメ ……Ⅳ：111
ミヤマトベラ……Ⅰ：82
ミヤマナミキ……Ⅳ：27
ミヤマナルコユリ ……Ⅴ：114
ミヤマニガウリ ……Ⅳ：104
ミヤマハコベ……Ⅳ：54
ミヤマハハソ……Ⅵ：52
ミヤマビャクシン……Ⅴ：12
ミヤマフユイチゴ……Ⅴ：64
ミヤマヨメナ ……Ⅴ：110
ミルスベリヒユ……Ⅰ：94
ムカゴトンボ ……Ⅰ：115
ムギラン ……Ⅲ：120
ムクノキ……Ⅲ：48
ムクロジ……Ⅴ：77
ムサシアブミ……Ⅲ：99
ムシクサ……Ⅴ：99
ムベ……Ⅳ：62
ムヨウラン ……Ⅲ：121
ムラサキ……Ⅰ：29
ムラサキカタバミ……Ⅱ：98
ムラサキケマン……Ⅴ：45
ムラサキサギゴケ……Ⅵ：92
ムラサキシキブ……Ⅲ：30
ムラサキセンブリ……Ⅵ：81
ムラサキツメクサ……Ⅴ：72
メウリノキ ……Ⅱ：101
メギ……Ⅵ：31
メキシコマンネングサ……Ⅳ：69
メドハギ……Ⅳ：80
メナモミ ……Ⅵ：110
メハジキ……Ⅰ：32
メヒルギ……Ⅵ：66
メマツヨイグサ ……Ⅳ：108
モクタチバナ……Ⅰ：16
モクビャッコウ……Ⅱ：55
モクレイシ……Ⅳ：98
モチノキ……Ⅳ：95
モミ……Ⅲ：12
モミジウリノキ……Ⅵ：66
モミジガサ ……Ⅵ：109
モミジカラスウリ……Ⅵ：63
モミジコウモリ ……Ⅵ：109
モミジバヒメオドリコソウ
……Ⅴ：95
モミジヒルガオ……Ⅵ：86
モリアザミ ……Ⅵ：102
モリイバラ……Ⅰ：77
モロコシソウ……Ⅱ：16

ヤ

ヤイトバナ ……Ⅴ：101
ヤエムグラ……Ⅲ：19
ヤエヤマセンニンソウ……Ⅵ：30
ヤクシマアオイ……Ⅴ：19
ヤクシマアジサイ……Ⅴ：51
ヤクシマカラスザンショウ
……Ⅳ：88
ヤクシマコウモリソウ……Ⅳ：48
ヤクシマコオトギリ……Ⅵ：32
ヤクシマシャクナゲ……Ⅳ：16
ヤクシマシュスラン ……Ⅰ：117
ヤクシマスミレ……Ⅵ：62
ヤクシマツバキ……Ⅱ：78
ヤシャブシ……Ⅵ：15
ヤチマタイカリソウ……Ⅴ：39
ヤツシロソウ ……Ⅴ：103
ヤツデ……Ⅵ：68
ヤドリギ……Ⅴ：21
ヤナギイチゴ……Ⅰ：89
ヤナギイノコヅチ……Ⅵ：24
ヤナギイボタ……Ⅴ：92
ヤナギタデ……Ⅵ：20
ヤハズソウ……Ⅵ：42
ヤハズハハコ ……Ⅵ：107
ヤブイバラ……Ⅰ：76
ヤブガラシ……Ⅵ：58
ヤブカンゾウ ……Ⅵ：113
ヤブコウジ……Ⅱ：15
ヤブサンザシ……Ⅲ：69
ヤブジラミ……Ⅰ：60
ヤブタデ……Ⅴ：24
ヤブタバコ ……Ⅵ：104
ヤブタビラコ……Ⅳ：41
ヤブツバキ……Ⅱ：78
ヤブツルアズキ……Ⅵ：45
ヤブデマリ……Ⅱ：41
ヤブニッケイ……Ⅱ：69
ヤブヘビイチゴ……Ⅲ：17
ヤブマメ……Ⅱ：94
ヤブミョウガ ……Ⅵ：119
ヤブムラサキ……Ⅲ：32
ヤブレガサ……Ⅰ：51
ヤマアザミ ……Ⅴ：107
ヤマアジサイ……Ⅴ：51
ヤマウツボ……Ⅱ：40
ヤマガキ……Ⅵ：76
ヤマグルマ……Ⅵ：24
ヤマクルマバナ……Ⅳ：24
ヤマグワ……Ⅰ：88
ヤマコウバシ……Ⅱ：69
ヤマゴボウ……Ⅴ：28
ヤマコンニャク ……Ⅳ：114
ヤマザクラ……Ⅱ：88
ヤマジオウ……Ⅴ：95
ヤマシグレ……Ⅳ：38
ヤマジノホトトギス ……Ⅵ：114
ヤマシャクヤク……Ⅱ：77
ヤマゼリ……Ⅵ：71
ヤマタツナミソウ……Ⅳ：27
ヤマツツジ……Ⅳ：14
ヤマトアオダモ……Ⅳ：19
ヤマトウバナ……Ⅳ：28
ヤマトキソウ ……Ⅳ：121
ヤマトグサ……Ⅵ：65
ヤマトラノオ……Ⅰ：36
ヤマノイモ ……Ⅵ：116
ヤマハゼ……Ⅵ：50
ヤマハタザオ……Ⅱ：81
ヤマハッカ……Ⅲ：34
ヤマハンノキ……Ⅵ：15
ヤマヒハツ……Ⅵ：47
ヤマヒヨドリバナ ……Ⅵ：105
ヤマブキ……Ⅵ：39
ヤマブキショウマ……Ⅴ：59
ヤマブキソウ……Ⅰ：62
ヤマフジ……Ⅳ：78
ヤマボウシ……Ⅵ：66
ヤマホオズキ……Ⅴ：97
ヤマホトトギス ……Ⅵ：114

ヤマホロシ……………………Ⅵ：90
ヤマミズ………………………Ⅵ：18
ヤマモガシ……………………Ⅰ：90
ヤマモモ………………………Ⅰ：86
ヤマユリ ……………………Ⅵ：115
ヤマラッキョウ ……………Ⅰ：104
ヤンバルツルハッカ…………Ⅱ：32
ヤンバルハコベ………………Ⅳ：57
ユウコクラン ………………Ⅴ：117
ユウゲショウ ………………Ⅳ：107
ユウスゲ ……………………Ⅵ：113
ユウレイタケ…………………Ⅴ：87
ユキザサ ……………………Ⅴ：115
ユキノシタ……………………Ⅱ：86
ユキヤナギ……………………Ⅵ：41
ユキワリイチゲ………………Ⅱ：72
ユキワリソウ…………………Ⅴ：33
ユクノキ………………………Ⅲ：79
ユズリハ………………………Ⅵ：49
ユリワサビ……………………Ⅳ：67
ヨウシュヤマゴボウ…………Ⅴ：27
ヨウラクツツジ………………Ⅰ：12
ヨウラクラン ………………Ⅲ：120
ヨグソミネバリ………………Ⅵ：15
ヨツバハギ……………………Ⅱ：97
ヨメナ…………………………Ⅳ：45
ヨロイグサ …………………Ⅳ：112

ラ

ラショウモンカズラ…………Ⅱ：33
リュウキュウアリドオシ……Ⅲ：22
リュウキュウエビネ ………Ⅲ：117
リュウキュウガキ……………Ⅳ：17
リュウキュウカラスウリ……Ⅵ：64
リュウキュウクロウメモドキ
……………………………………Ⅵ：56
リュウキュウコザクラ………Ⅰ：17
リュウキュウシロスミレ
……………………………………Ⅵ：62
リュウキュウツワブキ………Ⅱ：53
リュウキュウハナイカダ
……………………………………Ⅴ：85
リュウキュウハンゲ ………Ⅰ：109
リュウキュウベンケイ………Ⅵ：37
リュウキュウマメガキ………Ⅵ：76
リュウキュウモチ……………Ⅳ：96
リュウキュウルリミノキ
……………………………………Ⅲ：21
リュウキンカ…………………Ⅳ：61
リョウブ………………………Ⅴ：88
リンドウ………………………Ⅰ：23
リンボク………………………Ⅴ：65
ルイヨウボタン………………Ⅲ：61
ルリハコベ……………………Ⅵ：74
ルリミノキ……………………Ⅲ：20
レイジンソウ…………………Ⅵ：28
レンゲツツジ…………………Ⅰ：13
レンプクソウ…………………Ⅲ：38
レンリソウ……………………Ⅴ：71
ロクオンソウ…………………Ⅱ：20

ワ

ワサビ…………………………Ⅳ：67
ワダソウ………………………Ⅲ：57
ワタナベソウ…………………Ⅰ：73
ワチガイソウ…………………Ⅲ：57
ワニグチソウ…………………Ⅰ：98
ワレモコウ……………………Ⅱ：91

■正誤表

巻・頁	誤	正
Ⅰ・8	マルバウツギ	ツクシウツギ
Ⅰ・71	マルバウツギ var. scabra	ツクシウツギ var. sieboldiana (Maxim.) H. Hara
Ⅱ・7	ゴマノハグサ科 ヤマウツボ	ハマウツボ科 ヤマウツボ
Ⅱ・40	ヤマウツボ（ゴマノハグサ科）	ヤマウツボ（ハマウツボ科）
Ⅱ・49	ヌマダイコン Adenostemma lavenia L.Kuntze	オカダイコン Adenostemma latifolium D.Don
Ⅱ・71	トウゴクサバノオ D. trachyspermum (Maxim.) W.T.	トウゴクサバノオ D.trachyspermum (Maxim.) W.T. Wang et K. P.K.Hsiao
Ⅳ・6		ヤマトアオダモ／マルバアオダモの前にモクセイ科を入れる
Ⅳ・7	ヤクシマコウモリソウ	ヤクシマコウモリ
Ⅳ・8	ツクシフウロ	シコクフウロ
Ⅳ・82	ツクシフウロ Geranium soboliferum Kom. var. kiusianum (Koidz.) H.Hara	シコクフウロ Geranium shikokianum Matsum. var. shikokianum
Ⅳ・8	アソタイゲキ	タカトウダイ
Ⅳ・83	アソタイゲキ Euphorbia pekinennsis Rrpr. subsp. asoensis T. Kuros. et H.Ohhashi	タカトウダイ Euphorbia lasiocaula Boiss. var. Lasiocaula
Ⅴ・58	マンサク Hamamelis japonica Siebold et Zucc. var. japonica	アテツマンサク Hamamelis japonica Siebold et Zucc. var. bitchuensis (Makino) Ohwi
Ⅴ・88	ウメガサソウ 常緑の多年草	ウメガサソウ 常緑、草状の小低木

益村　聖（ますむら・さとし）　1933年，福岡県筑後市に生まれる。1956年，福岡学芸大学（現・福岡教育大学）理科卒業（生物学専攻）。以後，1991年まで福岡県内で中学校教諭。植物分類学会の会員。主としてカヤツリグサ科スゲ属とイネ科を研究。平成26年日本植物分類学会から学会賞を授与。著書に『絵合わせ 九州の花図鑑』（1995年），『【原色】九州の花・実図譜』Ⅰ・Ⅱ・Ⅲ・Ⅳ・Ⅴ（2003・2005・2007・2009・2014年，いずれも海鳥社）がある。
現住所＝福岡県筑後市大字山ノ井76

【原色《げんしよく》】九州《きゆうしゆう》の花《はな》・実《み》図《ず》譜《ふ》

Ⅵ

■

2018年 10 月 1 日　第 1 刷発行

■

著者　益村　聖

発行者　杉本雅子

発行所　有限会社海鳥社

〒810-0023 福岡市博多区奈良屋町 13 番4号

電話 092(272)0120　FAX 092(272)0121

http://www.kaichosha-f.co.jp

印刷・製本　シナノ書籍印刷株式会社

ISBN978-4-86656-033-5

［定価は表紙カバーに表示］